U0186153

大数据管理与应用

专业课程体系

教育部高等学校管理科学与工程类专业教学指导委员会

国家自然科学基金『大数据驱动的管理与决策研究』

重大研究计划指导专家组

课题组 编著

中国教育出版传媒集团

高等教育出版社·北京

图书在版编目（CIP）数据

大数据管理与应用专业课程体系 /《大数据管理与
应用专业课程体系》课题组编著. -- 北京：高等教育出
版社，2024.6

ISBN 978-7-04-062253-9

Ⅰ. ①大… Ⅱ. ①大… Ⅲ. ①数据处理 - 课程建设 -
教学研究 - 高等学校 Ⅳ. ①TP274

中国国家版本馆 CIP 数据核字（2024）第 103908 号

Dashuju Guanli yu Yingyong Zhuanye Kecheng Tixi

策划编辑	杨世杰	责任编辑	杨世杰	封面设计	赵 阳	版式设计	杜微言
责任绘图	杨伟露	责任校对	张 薇	责任印制	耿 轩		

出版发行	高等教育出版社	网 址	http://www.hep.edu.cn
社 址	北京市西城区德外大街 4 号		http://www.hep.com.cn
邮政编码	100120	网上订购	http://www.hepmall.com.cn
印 刷	河北信瑞彩印刷有限公司		http://www.hepmall.com
开 本	850mm × 1168mm 1/32		http://www.hepmall.cn
印 张	5.5		
字 数	140 千字	版 次	2024 年 6 月第 1 版
购书热线	010-58581118	印 次	2024 年 9 月第 2 次印刷
咨询电话	400-810-0598	定 价	20.00 元

本书如有缺页、倒页、脱页等质量问题，请到所购图书销售部门联系调换
版权所有　侵权必究
物 料 号　62253-00

序

随着感应探测技术和移动通信技术的进步，以及智能终端的普及和深度应用，经济社会活动以更高的数据"像素"形式呈现出来。在像素提升的基础上，数字"成像"技术进一步发展，通过算法为现实世界建立全景式的、更加清晰的数字影像。当前，大数据时代正在经历着从"数据化"到"数智化"的新跃迁。

"数据化"是大数据时代的初期发展形态，通过广泛的数据感测和采集，达到海量数据积累和快速像素扩张，并通过多样化的数据加工和算法应用来赋能组织转型升级和商业模式创新。在大数据和人工智能技术将持续产生革命性应用、智能算法将出现显著性进阶的情境下，在国家"十四五"规划和2035年远景目标纲要，数字经济、数据要素与治理等战略举措的推动下，"数智化"正在成为大数据时代的新型发展形态。首先，在数据层面，社会像素提升到了一个相当高的程度，虽然像素扩张将仍在相关行业和应用领域继续得到推动，但是一些原始粗犷的数据积累方式将得到规范和改善，像素扩张与数据治理的平衡发展正在成为数字经济的新议题。其次，在算法层面，基于高像素和细粒度数据的数字成像技术创新正在成为发展的重点，高阶智能算法（如生成式预训练大模型等）及其可解释性特征作为核心能力的作用正在凸显。再者，在赋能层面，随着数据和算法显现出新的发展特征，一些惯常的赋能渠道和商业模式将不再有效，一些熟悉的管理理论和方法将受到冲击，重塑与拓新正在成为业界和学界的关注焦点。在此数智化新跃迁背景下，大数据相关研究和教育面临着一系列新的问题挑战和探索空间。

从研究的角度来看，近十余年来世界各国大数据战略升级和学界业界探索方兴未艾，成为核心竞争力构建的关键举措。我国也从国家战略的高度对大数据研发和应用进行前瞻布局，同时推动大数据相关技术深度赋能各行各业。自2013年开始，国家自然科学基金委员会同国内学者通过"双清论坛"等形式开展了一系列深度研讨和方向性规划，并于2015年启动了"大数据驱动的管理与决策研究"重大研究计划（简称大数据重大研究计划）。迄今为止，该计划汇聚国内一大批高水平团队，坚持"四个面向"，凝练并沿循"全景式PAGE研究框架"和"大数据驱动"新型方法论，在大数据决策范式、大数据分析计算、大数据资源治理、大数据使能创新等方向上取得了大量学科领域顶尖水平的学术成果，并在行业和政策层面产生了重要影响。

从教育的角度来看，大数据相关知识积累和传播以及人才需求已经成为近年来国内外学科建设和专业发展的重要内容。国际上大数据技术与数据科学、商务分析（Business Analytics）等相关专业成为人才培养的新增长点。2015年开始，教育部高等学校管理科学与工程类专业教学指导委员会（简称管科工教指委）进行了一系列既面向国际前沿又立足我国管理情境的大数据相关人才需求及其新专业的研讨。自2018年教育部公布了第一批大数据管理与应用专业点（专业代码：120108T）以来，大数据管理与应用专业作为管理科学与工程学科大类下的新专业之一得到了社会各界的广泛关注和积极响应，目前已经在全国范围内设立了252个专业点。同时，还有不少高校也在申办和筹划设立该专业的过程之中。值得一提的是，大数据管理与应用专业的毕业生也表现出良好的就业去向和人才市场竞争力。

鉴于数智化在数据-算法-赋能层面的快速演进、相关研究和教学的不断创新与深化，大数据管理与应用这一新兴专业的发展建设和人才培养模式成为一个重要课题。其中，课程体系建设无疑是核心内容。基于此，管科工教指委、大数据重大研究计划指导专家组联合委托成立"大数据管理与应用专业课程体系研究课题组"（简称课题组），旨在准确把握大数据管理与应用领域的行业动态、学科趋势、知识创新和人才需求，在管理科学与工程类教学质量国家标准（简称国标）的基础上，探讨该专业的课程体系规范和教学基本要求。

　　大数据作为一类信息技术/信息系统（IT/IS）概念，如同产品的制造与使用，呈现出"造"与"用"的分野与融合属性（图1）。从信息产品（如数据、算法、系统、平台等）的视角出发，大数据"造"的属性涉及大数据方法创新，主要关注大数据的感测获取、分析计算与开发构建；大数据"用"的属性涉及大数据赋能创新，主要关注大数据的采纳使用、行为影响和价值创造。从这个意义上讲，大数据知识领域涵盖方法创新和赋能创新两大方面，这在课程体系中通过不同知识模块设计予以体现。

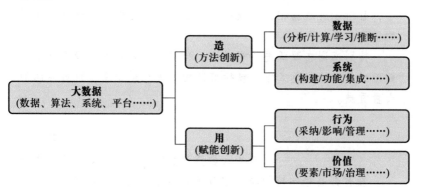

图1　大数据的"造"与"用"视角

　　一般说来，不同于其他纯技术类的专业，大数据管理与应用专业属于管理科学与工程学科，具有符合新文科发展方向的较强学科交叉特征。该专业在总体内涵上更面向管理与应用领域的大数据赋能创新，尽管方法创新相关内容也是课程体系中重要的知识要素。对于不同类型的高校，在保证管理科学与工程类知识模块、专业核心课程以及专业主干课程等基本要求的基础上，可以根据各自的办学目标、学科特色和人才培养需求，进行适当的知识模块组合设计和课程建设。

《大数据管理与应用专业课程体系》一书作为课题组的研究成果，一方面反映了大数据发展趋势和管理决策领域的重要新知要素；另一方面体现了管科工教指委及其大数据管理与应用专业指导组关于国标要求、能力素质、主干课程、专业规范、课程思政、师资队伍等方面的重要内容。本书内容涉及大数据管理与应用的研究与发展、大数据管理与应用专业的定位和课程体系、课程教学大纲、课程教学相关建议、本专业毕业生就业分析等章节，涵盖了大数据管理与应用专业课程体系的主要模块，显现出广阔的国际视野，同时也是我国管理科学与工程学科自主知识体系建设的一个专业层面的范例尝试。本书对于我国高校大数据管理与应用专业的发展建设乃至人才培养提供了规范化和指导性参考，且对于大数据相关领域的企事业单位管理培训课程具有积极的借鉴作用。

特别感谢在谭跃进、胡祥培、叶强、王兴芬等教授领导下课题组成员们的出色工作，包括前期的宝贵积累和课题研讨期间的大量贡献。

陈国青

清华大学资深教授、校学术委员会副主任

教育部高等学校管理科学与工程类专业教学指导委员会主任

国家自然科学基金大数据重大研究计划指导专家组组长

2023 年 11 月于清华园

前　　言

　　大数据时代是一个利用相关算法对海量数据进行处理、分析、存储，从海量数据中发现价值，服务于生产和生活，对社会经济、各行各业带来广泛影响和深刻变革的时代。它是互联网、移动互联网、物联网、区块链、云计算、大数据、通信网络、人工智能、数字孪生等新一代信息技术应用在这个时代的集中体现。大数据开启了一次重大的时代转型。就像望远镜让我们能够感受宇宙，显微镜让我们能够观测微生物一样，大数据正在改变我们的生活以及理解世界的方式，成为新发现和新服务的源泉。在新的科技革命和产业变革大背景下，金融、医疗、制造、公共安全、电子商务、环境资源、交通、社交媒体等领域大数据得到广泛应用，数字经济成为大数据时代的新形态、新业态，数字化、智能化也给各行各业带来了新的思维变革、商业变革和管理变革。一方面，科学的管理理论、方法和经验更加依赖于互联网、系统运行、工程实践、科学实验和组织管理中的大数据；另一方面，对数据驱动的管理决策方法创新和管理赋能的实时性、精确性要求更高，我们面临的管理问题也更加复杂。因此，大数据管理与应用专业既是一个多学科交叉融合的新专业，强调专业的新要求和多学科深度交叉融合再创新，又是管理科学与工程类的一个专业，强调守正创新，坚持特色发展、融合发展、内涵发展，明确本专业的内涵和定位。

　　为此，教育部在管理科学与工程大类下批准设立大数据管理与应用专业（120108T）。为了规范本专业人才培养目标，建立专业核心课程知识体系，指导高校更好地开展专业建设，根据教育部有关要求，教育部高等学校管理科学与工程类专业教学指导

委员会（以下简称管科工教指委）于 2019 年成立大数据管理与
应用专业指导组（以下简称专业指导组），开始研究编制大数据
管理与应用专业规范（以下简称专业规范）。专业指导组先后
组织召开了多次工作研讨会，就专业核心课程设置进行研讨，
提出了在管理科学与工程类专业标准框架下，本专业应按核心
课程和主干课程设置课程体系，提出了 4 门核心课和 12 门主
干课的初步建议。哈尔滨工业大学、西安交通大学、东北财经
大学、南京财经大学、贵州财经大学 5 所第一批开设大数据管
理与应用专业的高校教师代表参加了研讨。在深入研讨核心课
和主干课的基础上，提出了专业标准及核心课程设置方案，并
向开设本专业的各高校征求意见，专业指导组依据意见建议对
核心课和主干课的知识内容进行了修订完善。专业指导组将 4
门核心课程名称确定为：大数据技术基础、大数据智能分析理
论与方法、大数据计量经济分析、大数据管理方法与应用。在
此基础上，梳理了大数据技术类、大数据分析方法类、大数据
管理决策类 3 类专业课程及基本知识领域。同时，还依据管理
科学与工程类专业国家标准框架，从强化师资队伍师德师风建
设、加强课程思政融入、开展劳动教育等方面对专业建议规范
的相关内容提出了明确要求，形成了大数据管理与应用专业建
议规范。

　　2023 年 9 月，在清华大学陈国青教授倡议下，由管科工教
指委、大数据重大研究计划指导专家组联合委托成立"大数据管
理与应用专业课程体系研究课题组"（简称课题组），课题组由
谭跃进教授任组长，胡祥培、叶强任副组长，王兴芬任秘书长，
共由 18 名专家学者组成。在前期大数据管理与应用专业建议规
范研究的基础上，研究编写出版《大数据管理与应用专业课程体
系》一书。课题组通过多次研讨和召开专家评审会，研究确定了
书稿章节内容，书稿从大数据管理与应用的研究与发展、专业定
位、专业规范、课程体系设计、主要课程教学大纲、课程相关要

求、毕业生就业岗位分析等方面提出指导性的意见建议。第 1 章：大数据管理与应用的研究与发展，由吕欣、曾大军编写，第 2 章：大数据管理与应用专业的定位与课程体系，由谭跃进、王兴芬编写，第 3 章：课程教学大纲，由吕欣、唐九阳、叶强、唐加福、谭跃进、张紫琼、孔祥维、胡祥培、王兴芬、程春、任锦鸾、谷晓燕、赵翔、田青、姜元春、张楠、马越越、马丽君、廖貅武等编写，第 4 章：课程教学相关建议，由叶强、王兴芬、唐九阳、张紫琼编写，第 5 章：本专业毕业生就业分析，由胡祥培、张紫琼、唐加福、王兴芬、廖貅武编写。全书由谭跃进、胡祥培、叶强、王兴芬统稿。

本书可作为高校大数据管理与应用专业建设、课程体系设计、课程大纲编写、课程教学安排、毕业生就业的指导书，也可作为高校大数据管理与应用专业论证和申报的参考书。

本书能在较短的时间内编写完成并出版，首先要衷心感谢管科工教指委、大数据重大研究计划指导专家组专门组织召开了书稿指导与审阅会，专家们对书稿提出了许多宝贵的意见建议。

参与相关工作的清华大学、国防科技大学、大连理工大学、哈尔滨工业大学、北京信息科技大学、东北财经大学、浙江大学、合肥工业大学、西安交通大学、贵州财经大学、南京财经大学、中国传媒大学、北京科技大学等单位提供了大力支持。蔡梦思、谭索怡、黄锐、王静、魏婉莹、杨文川、王梦宁、李晓冰等教师提供了素材并参与编写大纲，在此对大家的辛勤付出表示衷心的感谢！

本书得到国家自然科学基金大数据重大研究计划项目（92246001）支持，北京信息科技大学为本书的讨论和编写提供了很大帮助，高等教育出版社的杨世杰编辑对本书的尽快出版给予了大力支持，在此一并表示诚挚的感谢！

由于大数据管理与应用是一门正在快速发展的新兴交叉学

科，再加上编写出版的时间紧、任务重，课题组的水平有限，书中疏漏之处在所难免，敬请各位专家和广大读者批评指正。

课题组

2023 年 11 月

目　　录

第 1 章　大数据管理与应用的研究与发展

随着全球数字化进程加快，社会各行各业与公众生活信息化程度越来越高，以互联网、物联网、在线社交媒体等为代表的信息技术发展日新月异，各式各样的信息载体和传感设备随处可见，数据的来源和规模正以前所未有的速度增长，人类已经进入大数据时代。近年来，随着大数据平台架构、大数据挖掘、数据确权与定价等技术不断发展和完善，大数据已在公共管理、政务服务、生产制造、电商平台和教育医疗等多个领域中产生颠覆性影响。随着大数据与管理实践和应用的深度结合，管理决策方法也逐渐从传统的方法论范式转变为大数据驱动的方法论范式，大幅提高了管理决策的科学性和有效性。在加快发展数字经济、推进智能制造、实现智慧社会治理的新时代发展战略要求下，发展大数据管理与应用和培养相关领域专业人才已成为把握时代机遇、应对智能化挑战的重要举措。

1.1　大数据基本概念与特征

"大数据"（Big Data）主要指因数据规模大、增长速度快而使当时的软件工具无法对数据获取、存储、分析和管理进行有效支撑的数据集，具有数据规模大（Volume）、数据类型繁多（Variety）、数据处理要求速度快（Velocity）、数据价值密度低（Value）等基本特征。大数据需要新的技术和处理范式来实现更迅捷的数据管理、更深刻的数据规律洞察、更可靠的应用场景决策支撑、更迅捷的流转优化。

为应对这些技术和应用的挑战，谷歌推出了 MapReduce 和开源 Hadoop 平台，使得处理海量数据的能力大幅提升。随着信息技术不断进步和发展，各行各业的应用中产生数据的规模与速度快速增长，同时，计算与数据处理能力也快速提升。大数据已成为重要的基础资源和生产要素。挖掘大数据价值，捕捉各类规律，支持各种管理决策已成为数智化的核心内容。

1.2　大数据技术发展历程

1.2.1　萌芽阶段（20 世纪 90 年代至 21 世纪初）

20 世纪 90 年代，美国国家科学基金会（National Science Foundation，NSF）提出了"数字化图书馆倡议"，推动了大量的图书、期刊、音频、视频等信息在互联网上数字化存储，并为大数据应用奠定了基础。90 年代初至中期，互联网诞生，数据仓库技术、数据挖掘理论和数据库技术逐步成熟，商业智能（Business Intelligence，BI）工具和知识管理技术被广泛应用。1998 年，谷歌成立并开始使用大数据来改进搜索引擎算法，标志着大数据应用的新篇章。

随着计算机技术不断发展，数据规模和种类以指数级增长。人们逐渐意识到需要一种新的技术和工具来处理和分析海量的数据，这就是大数据的概念在 21 世纪初逐渐形成的背景。随着社交媒体、物联网等新技术的发展，数据的速度和多样性问题日益凸显，给大数据应用提出了更高的要求。2001 年，美国 IT 顾问兼作家道格拉斯·兰尼（Douglas Laney）在一篇研究报告中首次提出了大数据的概念，并将其定义为三个"V"，即 Volume（数据量）、Velocity（数据速度）和 Variety（数据种类）。这一定义成为大数据研究和应用的基础。

1.2.2 成熟阶段（21 世纪初至 2010 年）

自 21 世纪初以来，大数据在互联网、移动设备和传感器等技术广泛应用的推动下快速发展。2004 年左右，谷歌相继发布了谷歌分布式文件系统 GFS、大数据分布式计算框架 MapReduce 和大数据 NoSQL 数据库 BigTable，奠定了大数据技术的基石。同时，其他互联网公司也开始探索大数据应用，随之而来的是一场深刻的技术革命。在此后的几年间，由于电子商务迅速发展，要求实时处理海量多样化的数据，使得大数据理念和技术被雅虎、谷歌等大型互联网和电子商务公司广泛采用，并在解决数据量大、数据种类多、数据流动速度快等问题中起到了重要作用。

在 2008 年末，美国计算社区联盟（Computing Community Consortium）公布了白皮书《大数据计算：在商务、科学和社会领域创建革命性突破》，再次提出了"大数据"这一概念，打破了人们对数据的思维局限，使人们的思维不再局限于处理数据的机器，而是着眼于大数据应用场景所带来的新用途和新见解。相关技术和平台的出现，使得大数据的处理和分析变得更加容易和高效。同时，随着数据量的爆炸式增长，数据存储技术也得到了极大的发展。例如云存储、分布式存储等技术的出现极大地提升了大数据存储的可靠性和高效性。这些技术的进步为大数据应用的推广和普及提供了坚实的保障。

1.2.3 大规模应用阶段（2010 年后）

2010 年以来，借助成熟的理论与技术基础，大数据应用已渗透到社会的各个行业中，数据驱动决策和信息智能化程度大幅度提高。此阶段传感器数据的增加非常明显，智能传感器产业取得明显突破。社交网络的飞速发展使人类进入自媒体时代，互联网数据进一步爆发增长。同时智能移动终端的普及使得网络中的数据规模进一步扩大，大数据已完全融入人类社会的生产和生活中。2011 年，麦肯锡咨询公司发布的《大数据：创新、竞争和生产力的下一个新领域》阐释了处理海量数据的潜在价值，分析了大数据相关的经济活动和业务价值链。2012 年，大数据迎来繁荣时期。由于其重要性越来越被认识到，美国白宫发布了《大数据研究和发展倡议》，第一家大数据公司 Splunk 在纳斯达克上市，联合国发布了一份大数据政务白皮书，大数据成为世界各地热门研究领域之一。2014 年，世界经济论坛和美国白宫分别发布了与大数据相关的研究报告，鼓励利用大数据推动社会进步，并呼吁用相应的框架、结构和研究来支撑大数据应用的进展。

　　2014 年，我国政府首次将大数据写入政府工作报告，从政府顶层设计的角度给出了大数据发展的指导意见。2015 年 8 月，国务院印发《促进大数据发展行动纲要》，明确提出要推动大数据的发展和应用。2015 年 10 月，《中共中央关于制定国民经济和社会发展第十三个五年规划的建议》提出实施国家大数据战略，大数据正式列入我国国家发展战略。2017 年 1 月，《大数据产业发展规划（2016—2020 年）》强调围绕大数据产业中的关键问题开展布局，形成由数据、技术、应用与安全组成的产业生态体系。国务院、原环境保护部、国家发改委、原农业部、工信部、水利部、交通运输部等部门先后发布了相关指南、管理办法和行动方案，为大数据发展进行规划布局并提供了政策保障。2020 年 4 月，《中共中央 国务院关于构建更加完善的要素市场化配置体制机制的意见》首次将数据定义为新型生产要素，提出要加快培育数据要素市场，推进数据开放共享、提升社会数据资源价值。2022 年，党的二十大报告提出建设数字中国，加快发展数字经济，促进数字经济和实体经济深度融合，打造具有国际竞争力的数字产业集群。数据资源已经和物资资源、人力资源一样，成为我国三大国家战略资源之一。

1.3 大数据管理与应用领域

随着大数据技术不断发展，数据驱动的管理决策方法广泛应用于各行各业，特别是在金融、医疗、制造、公共安全、电子商务、环境资源、社交媒体等领域，极大程度上改变了传统业务流程和决策范式。近年来涌现的新兴社交平台也有极强的大数据属性。

1.3.1 金融大数据

金融机构在其运营、服务和监管过程中，通过为社会各行业提供资金融通和金融服务形成巨大的社会网络系统，产生和积累了规模庞大的金融数据。大数据挖掘技术使得这些机构能从海量数据中提取有价值的信息，并建立各种分析工具和预测模型，以帮助监管部门和投资部门更有效地管理金融市场和资产。这样的需求使数据挖掘在银行、保险、证券等金融行业中广泛应用，包括信用风险评估、市场趋势分析、欺诈检测、客户关系管理、精准营销和风险管理等领域，以支持更精确的决策制定和更高效的业务运营。例如，通过大数据挖掘和分析，可以发现潜在的高净值客户或特定需求群体，并针对其推出定制化的金融产品和服务。

1.3.2 医疗大数据

大数据时代的医疗活动，如就诊治疗、医学研究、健康保健和卫生管理等，持续产生大量的医疗数据。医院信息系统（Hospital Information System，HIS）的发展为临床数据资源的收集、处理、存储和提取提供了方便，详细记录了规模庞大、种类复杂的患者诊疗数据；而高通量实验技术的突破，直接将生物医学数据从以基因组为代表的 PB 量级时代推升到多组学融合的 EB 量级时代。通过分析大规模的患者病历、医学影像、基因数据等，数据挖掘技术可以揭示出医学领域的有用信息。例如，数据挖掘可以帮助医生更好地理解患者的疾病风险、病情发展趋势并制定最佳治疗方案，从而提高医疗诊断和治疗的准确性和个性化程度。数据挖掘还可用于预测疾病暴发和传播、药物研发等，有助于改善医疗体系的质量和效益。

1.3.3　制造大数据

伴随着工业自动化和信息化发展，信息技术渗透到制造业产业链的各个环节，条形码、二维码、射频识别、工业传感器、自动控制系统等技术在制造业中得到了广泛的应用。互联网、移动互联网、物联网等新一代信息技术与制造业的融合，使制造业各个环节产生的数据都可以被快速收集、存储到信息系统中。随着企业规模的扩大以及时间的积累，这些数据以空前的速度增长，使制造业进入"大数据时代"。运用数据挖掘等技术对制造业产生的数据进行分析，发掘其中蕴含的知识和规则，并基于这些知识和规则指导制造业的研发设计、生产制造、销售售后、经营管理等过程，有助于改进生产方式、优化管理流程、感知客户需求、提升品牌价值，达到节约成本、提高效率、降低能耗的目的，使制造业逐步走向智能化。

1.3.4　公共安全大数据

公共安全大数据是指在社会安全维护中积累的庞大数据资源，包括监控、通信、恐怖袭击、消防安全、犯罪等视频、记录、数据和信息。通过大数据挖掘技术，政府和执法机构能够更深入地了解社会安全状况，预测潜在风险，并制定更有效的管理对策。数据挖掘在公共安全领域的应用涵盖犯罪预测和预防、应急管理、边境安全、反恐防范、网络安全以及公共卫生管理等方面。例如，通过分析历史犯罪数据和社交媒体信息，系统可以识别潜在的犯罪趋势和高风险区域，从而采取预防措施减少犯罪。在公共卫生管理方面，大数据分析有助于及早发现传染病病例、追踪传播路径，并采取有效的防控措施。总体而言，公共安全大数据的应用提升了社会整体安全水平，使得决策者能够更加智能地应对各类安全挑战。

1.3.5 电子商务大数据

数智时代的到来使消费者的消费模式和企业的经营环境发生了翻天覆地的变化。随着在线交易的增加和用户规模的不断扩大，电子商务数据量呈指数级增长。电子商务大数据是指在电子商务活动中产生的海量、多样化、高速增长的数据资源，包括交易数据、物流数据、用户数据、产品数据、行为数据、评论数据等，其分析与应用涵盖市场分析、需求分析、客户关系管理、精准营销、供应链管理、风险管理等领域，可以帮助企业提高效率、降低成本、优化决策，实现商业价值最大化。例如，通过分析电子商务大数据可以帮助企业了解用户喜好、购买偏好和消费行为，从而精准定位用户需求并制定个性化的营销策略。在供应链管理领域，大数据分析可以帮助企业优化供应链的各个环节，实现物流配送的智能化和精细化，提升供应链效率和用户体验。总体而言，电子商务大数据的分析和应用提升了企业经济效益和社会服务质量，实现了企业和用户双赢局面。

1.3.6 环境资源大数据

环境资源大数据主要由环境监测、资源管理、气象预测等活动产生，包括气象数据、水质数据、土壤数据、空气质量数据、企业排污数据、生物多样性数据等各种环境和资源相关数据，可通过各级监测站点、气象卫星、无人机等多种渠道进行采集。环境资源大数据分析的应用场景涵盖国土空间规划、环境监测与预警、资源管理、农业生产、环境决策支持等领域。例如，农业领域利用环境资源大数据进行精准农业管理，提高农作物品质和产量；能源领域通过利用环境资源大数据进行清洁能源规划和节能减排措施制定；气象领域通过利用环境资源大数据进行灾害预警，降低损失和风险。环境资源大数据的充分挖掘和利用，可以提升资源利用效率、改善生态环境，同时推动可持续发展和环境保护。

1.3.7　社交媒体大数据

数以亿计的用户每天在社交媒体上发布各种类型的内容，如文字、图片、音频、视频等，这些数据体量庞大且不断增长，形成了海量且多样化的信息。此外，用户之间的互动行为也产生了大量数据，如点赞、评论、转发等，为分析用户行为和偏好提供了重要的依据。利用数据挖掘和分析技术对社交媒体大数据进行深入挖掘，可以发现其中蕴含的有价值的信息和规律。通过分析用户的发帖内容、评论观点以及互动行为，可以洞察他们的兴趣、喜好、态度和行为趋势。这些洞察可以帮助企业和组织了解用户需求、进行精准营销、优化产品设计和改进服务质量，从而提高用户满意度和品牌价值。社交媒体大数据还为舆情监测和社会研究提供了重要的数据来源。通过分析社交媒体上的舆情信息，可以了解人们对某一特定事件、产品或品牌的看法和态度。这对企业和政府机构来说是宝贵的市场和舆论反馈，能够帮助其及时做出决策和调整策略。

1.3.8　其他大数据

随着大数据技术与传统行业的深度融合与创新发展，大数据的应用范围已经超越了传统领域，涵盖了政府建设、智慧城市建设、智慧教育、体育赛事分析与决策、数据驱动新闻、交通出行服务等广泛的社会场景，为提升人民生活福祉创造了更多的技术红利。例如，在体育产业中，通过传感器、摄像头和其他装置收集的运动大数据，包括速度、加速度、心率等，可用于评估运动员的技术水平、身体机能和表现能力，从而优化战术和训练计划；在以内容生产为核心的媒体行业中，数据驱动新闻是基于大数据的抓取、挖掘、统计、分析和可视化呈现的一种新型新闻报道方式；人们的日常出行活动持续产生交通出行大数据，包括手机信令数据、出租车数据、公共交通数据、共享出行数据、停车数据等。

1.4　大数据管理与应用的发展前景

随着各行各业对大数据的重视程度不断提高，大数据在更多的领域得到应用和发展。大数据管理与应用能够从大数据洞察、智能决策、数据治理等方面为各行各业提供更加精准、高效、有价值的数据和决策服务，并且成为企业或组织适应大数据时代要求的重要手段和方法。

1.4.1　大数据建模与分析

大数据时代，数据的更新迭代速度频繁，数据规模、多样性和复杂度都大幅度提升，并正在深刻改变着社会生活以及人们观察、理解世界的方式。大数据建模与分析方法通过对海量数据进行分析、计算、挖掘和预测，可以高效实现更深刻的洞察发现、更迅捷的流转优化、更可靠的决策支撑。

不同于传统的数据建模分析方法，首先，大数据建模与分析的对象已从有限样本转变为大量样本甚至是全量样本，从低维数据提升至高维数据，从单模态数据延伸至多模态数据。大数据建模与分析的数据种类囊括结构化与非结构化数据，例如表格数据、文本数据、图像数据、音频数据、视频数据等，并在进一步扩展。

其次，大数据建模与分析的思路从线性关系发展为非线性关系，从数理统计演变为仿真推演，既注重因果关系也注重相关关系。这种既探求"是什么"也探求"为什么"的大数据分析思维为认识世界提供了一系列崭新的视角和有用的预测。

最后，数据爆炸性增长趋势下，大数据建模与分析的应用逐渐从现实场景延伸至虚拟现实结合场景，从离线场景转变为实时数据分析场景，通过对业务端进行实时流数据处理，可快速准确地响应基于数据的事前预测、事中判断和事后分析等用户需求。

随着高阶智能算法（如生成式预训练大模型等）的发展及其可解释性的提高和在不同垂直领域的深化应用，大数据建模与分析技术在洞察数据规律、发现商业价值、预测趋势变化、优化运营效率、提升用户体验等方面拥有着巨大潜力和应用价值。借助大数据处理架构 Hadoop、分布式文件系统 HDFS、NoSQL 非关系数据库、分布式计算等新一代信息技术，大数据建模与分析方法在金融、医疗、制造、公共安全、电子商务、环境资源等领域的业务实践中得到广泛应用，数据产业发展面临着前所未有的机遇，大数据分析从业人员将具有更广阔的发展空间。

1.4.2 大数据智能决策与管理

运用快速发展的大数据技术，人们可以从海量的数据中提取有价值的信息，这些信息可以为决策者提供更加全面、精准的决策依据，从而更好地指导企业或组织的运营和发展。依托于大数据的智能决策与管理不仅仅涉及一些先进工具或方法的使用，而是对传统管理模式在思维方式和决策方法上的全面变革。

首先，大数据智能决策与管理强调数据驱动决策，通过收集、分析和挖掘海量数据，揭示出隐藏在数据背后的复杂模式和关联。相比之下，传统管理模式往往依赖于经验和直觉，决策过程可能缺乏系统性和科学性。

其次，大数据智能决策与管理借助先进的人工智能和机器学习技术，使自动化决策和优化成为可能。这些技术可以自动分析数据、识别模式、预测趋势，从而为决策者提供更加精准的建议。相比之下，传统管理模式往往依赖于人的主观判断，决策过程可能受到个人偏见和有限知识的影响。

最后，大数据智能决策与管理注重预防性管理和实时监控。例如，通过收集设备的运行数据和状态参数，可以实时监测设备的健康状态，预测潜在故障，并借助物联网技术实现远程维护。而传统管理模式往往采用被动的方式，一般只在设备出现故障时才进行维修和更换，效率低下。

随着大数据在各个行业的普及，大数据智能决策与管理逐渐成为大数据管理与应用发展的重要内容。大数据技术的高效运用，能够帮助企业或组织更全面地了解数据背后的市场面或社会面特征，从而做出更加科学、合理的决策和管理规划。

1.4.3 大数据资源治理

在信息社会，数据已成为继土地、人力、资本、管理、技术之后新的生产要素，对经济活动和社会生活具有巨大价值。作为一种新型生产要素，数据资源正在作用于社会系统的各个领域，在改变传统商业规则与经济运行形态的同时，也对传统的信息治理手段提出了挑战。因此，如何建立科学系统的数据治理规则秩序、全面释放数据资源价值，成为大数据时代的新任务、新课题，具有广阔的研究前景。

首先，大数据资源治理旨在建立健全规则体系，以确保数据资源获取、处理及使用方式能够遵循一套系统化、规范化、标准化的流程和措施。通过明确数据标准和权属，规范大数据能力构建中相关的"数据+算法"获取、处理及使用方式，大数据资源治理能够有效地保证数据质量、降低数据使用成本、提高数据使用效率、促进数据深度挖掘，从而实现对数据最大限度的有效利用。

其次，大数据资源治理涉及数据要素流通的基础理论与机制设计。通过解构数据要素流通中安全保护、有效利用、有序流通的科学机理，有助于形成科学的流通机制和规则、流通技术和方法，建立多方参与者良性互动、共建共享共治的数据流通模式，从而充分释放数据要素的价值。

最后，大数据资源治理聚焦数据安全和隐私问题。数据资源在为市场主体带来经济效益的同时，也引发诸如歧视、不公平、侵犯隐私、侵犯商业机密等各种数据安全和隐私相关问题。建立强大的安全和隐私框架，确保数据的合规性和安全性成为数据治理的重要议题。

大数据资源治理是大数据管理与应用中一项需要被长期关注的复杂工程，并且其重要性随着数据量的增加而日益凸显。有效的大数据资源治理手段是全面释放数据价值，助力数字经济发展的重要保障。

1.4.4　大数据使能创新

新型的大数据建模分析、大数据决策范式、大数据资源治理，激发了一批大数据使能的管理研究与应用，创造了一系列前瞻性的洞见和价值。大数据使能是指大数据能力带动的价值创造，大数据使能创新带动了新洞察、新模式、新机会的发现，进而推动了产品和服务创新、商业模式创新以及企业价值创造。

首先，通过对不同领域的大规模、细粒度的数据进行分析，能为更科学、及时、精确的行为或活动规律洞察赋能。大数据时代，互联网上的搜索日志数据可以用于深度感测和了解市场用户对品牌和公司的偏好，进而用于市场新机会的发现。而在传统管理模式中，对行为模式的分析往往依据现有理论或实践经验，难以适应环境的动态变化。

其次，通过构建大数据能力，可以更加高效、精准地对不同领域中个体、企业以及行业存在的风险进行评估、监测和实时预警。而传统管理决策中的风险预见，主要依托领域知识来选择既定的风险评估方法并设置相对固定的风险预警阈值，在应对动态风险变化方面的能力明显不足。

最后，大数据在不同领域持续驱动传统决策方式、服务模式或商业模式的转变。通过大数据能力构建和使能，新的服务和商业模式不断涌现，带来了新的发展机遇。例如，在大数据场景下，传统的零售模式得到升级重塑，通过综合运用物联网、云计算、人工智能等技术手段，形成线上线下深度融合的零售新模式。

随着大数据规模以及相关算法、系统、平台的快速发展，大数据能力的提升将不断驱动服务、决策和应用模式推陈出新，进而赋能智慧升级、数字洞察、效益提升和价值创造，迸发出新的机遇和潜力。

第2章 大数据管理与应用专业的定位和课程体系

大数据管理与应用专业以大数据时代为背景，理工管文多学科交叉融合，研究"大数据驱动"的新型方法论、大数据决策范式、大数据分析挖掘、大数据资源治理、大数据使能创新，以及大数据在社会经济管理中的应用。近几年，大数据管理与应用专业新增专业布点数多，形成了较大的专业办学规模，是"新管科工"建设成就的重要体现。这既是大数据时代给予"管科工"的机遇，也是挑战。新形势下大数据管理与应用专业如何定位？如何明确人才培养目标，建立规范的专业课程体系？都需要我们认真思考和研究。

2.1 大数据管理与应用专业的定位

这里所说的大数据管理，是基于大数据进行管理决策，而不仅仅是简单的管理大数据。它是大数据技术与管理理论方法等多学科交叉融合所形成的解决管理问题的新理论、新方法，及其在社会经济管理中的应用。大数据作为一类信息技术/信息系统（IT/IS）概念，如同产品的制造与使用，呈现出"造"与"用"的分野与融合属性。从信息产品（如数据、算法、系统、平台等）的视角出发，大数据"造"的属性涉及大数据方法创新，主要关注大数据的感测获取、分析计算与开发构建；大数据"用"的属性涉及大数据赋能创新，主要关注大数据的采纳使用、行为影响和价值创造。从这个意义上讲，大数据知识领域涵盖了方法创新和赋能创新两大方面。大数据管理与应用专业作为新的管科工专业，必然有管科工专业的新要求，要多学科深度交叉融合，从管理赋能上再创新。

大数据管理与应用强调新的理论方法要与具体的实际应用背景（新的科技革命和产业变革）紧密结合。数据是对经济社会活动的一种反映，携载并蕴含着事物特征及其联系。数据的价值一方面体现在数据本身所具有的形式和语义，使其成为重要资源；另一方面体现在数据作为要素被使用和处理所带来的价值创造，包括技术创新和管理创新所产生的价值。因此，基于大数据的管理决策是与实际应用背景紧密关联的，应用领域知识和人文社科知识也很重要，也需要学习。在此基础上，才能构建大数据管理与应用专业的知识体系。大数据知识和管理赋能创新，要在专业课程体系中通过不同知识模块设计体现出来。

中国高等教育快速发展，迎来高质量发展的新时期。大数据管理与应用专业建设要立足新时代、把握新形势、回应新需求，要明确人才培养定位，牢固树立质量意识、标准意识、服务国家和地区行业发展意识，守住人才培养质量底线。从大数据管理与应用本科专业布点高校看，有教育部直属高校，也有地方高校和民办高校，多样性是高等教育普及化的一个重要表征。保持高等教育科类结构和层次结构的合理性，体现办学特色，是构建高等教育多样性生态系统，满足国家多样化人才需求的关键要素。受高等教育传统观念、政策导向、资源分配方式的影响，高等教育机构不同程度地出现了同质化。为了体现各高校不同办学特点的需要，保持层次结构的合理性和多样性，避免同质化，保证办学质量，在大数据管理与应用专业课程体系设计上，按核心课程和主干课程，推荐了 17 门课程，编写了相关课程的教学大纲，构建了较完整的课程体系。同时提出了课程教学的相关建议，分析了不同层次的就业岗位需求，尽量满足不同层次高校按照理念新、背景新、专业新的要求，制定好人才培养方案的需要。

2.2　大数据管理与应用专业课程体系设计

2.2.1　大数据管理与应用专业培养目标

本专业培养思想政治素质过硬，对相关领域的发展动态及新知识、新技术具有一定的敏锐性，系统掌握管理学、经济学、统计学、计算机科学基本理论，具备数据科学与大数据技术基础知识，能够综合运用大数据管理理论、方法和工具，对现代管理业务问题进行数据建模、智能分析和管理决策，在相关行业领域从事大数据管理系统规划设计、运行维护、分析优化和智能决策支持等工作，德智体美劳全面发展的高素质、复合型管理人才。

为适应经济社会发展的实际需要，培养目标可以定期进行评估与修订。

参照相关教育专业认证对本科教育建立质量体系的设计，总体上本专业毕业生应达到的要求包括知识、能力、素质三个方面：

1. 知识要求

- 了解自然科学、社会科学、人文学科等基本知识。
- 掌握计算机科学与技术等相关理论、方法和技术。
- 掌握高等数学、线性代数、概率论、经济学、管理学、统计学、运筹学、管理信息系统等管理科学与工程类专业规定的专业基础课程的理论和方法。
- 掌握数据科学与大数据技术的基本方法和技术。
- 掌握管理科学和大数据智能分析、优化、管理决策与大数据治理的基本理论和方法。
- 了解所在大数据管理与应用相关领域的专门知识。

2. 能力要求

- 具有较强的获取和更新大数据管理与应用专业相关知识

的学习能力。

● 具有较强的逻辑思维与大数据思维能力。具有获取数据，处理分析数据以及运用数据支持决策的能力。

● 具有较强的综合运用管理科学、大数据技术和工程方法解决相关管理问题的创新能力。

● 具有基于大数据的管理与应用，提出问题、分析问题、解决问题的能力。

● 具有数据治理和数据伦理分析能力。

● 具有良好的沟通能力与语言文字表达能力，具有运用专业外语的基本能力。

● 具有良好的组织管理和协调能力。

3. 素质要求

拥有良好的思想政治素质和正确的人生观、价值观；具有较强的法律意识，高度的社会责任感，良好的职业道德、团队合作精神和社会适应能力；具备科学精神、人文素养和专业素质；具有利用数据分析、决策的意识和习惯；具有创新精神和创业意识；具有健康的心理素质和体魄。

2.2.2　大数据管理与应用专业课程体系

大数据管理与应用专业课程体系是在管理科学与工程类教学质量国家标准框架下，在广泛征求开设本专业院校意见基础上，经过多次专家讨论形成的。在设计过程中，我们遵循以下原则：

（1）适用性原则：兼顾全国已开设的各高校实际，具有广泛适用性。

（2）指导性原则：对新设置专业在把握培养目标，开展专业建设及课程设置等方面具有良好的指导作用。

（3）开放性原则：课程体系应具有开放性，给各高校发挥办学特色留有空间。

（4）时代性原则：坚持立德树人、落实五育并举，回应新时代对专业人才培养的新要求，聚焦国家教育教学改革的新导向，体现人才培养的学科交叉、产教融合等特征。

本专业作为管理科学与工程类专业之一，应遵循《管理科学与工程类教学质量国家标准》。标准要求培养拥有系统化管理思想和较高管理素质，掌握管理学与经济学基础理论以及信息与工程相关技术知识，具有一定的理论和定量分析能力、实践能力以及创新创业能力，具备职业道德与国际视野，满足现代管理需要的高素质人才。课程体系设置分为理论教学课程和实践教学课程两个方面。理论教学课程包括通识课程、基础课程、专业课程。实践教学课程包括课程实践、课程设计、社会实践、实习实训、毕业论文（设计）与综合训练等。

1. 通识课程

通识课程体系除国家规定的教学内容（包括思想政治理论课）外，主要包括自然科学、社会科学、人文学科、艺术、体育、劳动、外语、计算机与信息技术等方面的知识内容，由各高校、各专业根据国家规定和具体办学定位及培养目标均衡设置。

2. 基础课程

课程体系应满足管理科学与工程类专业基本课程设置要求，包括数理类、经济类、管理类、信息技术与工程类等专业基础课程 8 门：高等数学、线性代数、概率论、经济学、管理学、统计学、运筹学、管理信息系统。

3. 专业课程

专业课程包括大数据技术类、大数据分析方法类、大数据管理决策类共三类 17 门课程。根据课程之间的衔接关系，给出实施教学计划的进程安排建议，见图 2-1。

大数据技术类课程包括 4 门：数据结构与程序设计、Python编程基础、大数据技术基础、数据库技术。

大数据分析方法类课程包括 5 门：大数据可视化原理与实践、数据挖掘与机器学习、大数据智能分析理论与方法、自然语

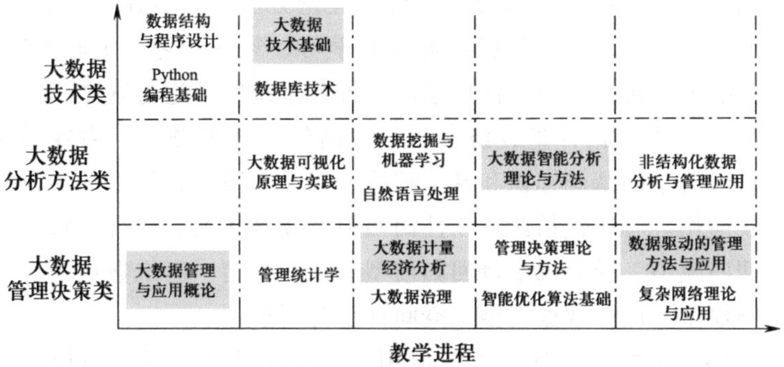

图 2-1　教学计划建议

言处理、非结构化数据分析与管理应用。

　　大数据管理决策类课程包括 8 门：大数据管理与应用概论、管理统计学、大数据计量经济分析、大数据治理、智能优化算法基础、管理决策理论与方法、复杂网络理论与应用、数据驱动的管理方法与应用。

　　各高校根据自身办学定位与特色，设置 4 门专业核心课和不少于 2 门专业主干课程，形成逻辑上的拓展和延续关系，特别鼓励开设创新创业基础、就业创业指导等方面的选修课，为学生提供创新创业方面的相关知识，从而使学生对本专业相关领域的发展动态及新知识、新技术有一定的了解和掌握，同时课程内容的设置应注意对学生创新精神和创业意识的培养。

　　4 门专业核心课程为：大数据技术基础、大数据智能分析理论与方法、大数据计量经济分析、大数据管理方法与应用。具体如下：

　　（1）大数据技术基础：面向大数据应用场景，围绕大数据的系统架构及关键技术，内容涵盖 Hadoop 及 Spark 生态系统、大数据获取技术、大数据预处理技术、大数据存储技术、大数据分析技术、大数据可视化技术、大数据计算技术等。

　　（2）大数据智能分析理论与方法：面向大数据在具体场景

19

中的应用，围绕大数据智能分析与理论方法，内容涵盖决策树、K 近邻学习、支持向量机、贝叶斯学习、集成学习、关联规则、聚类、人工神经网络、深度学习、推荐系统等理论与方法。

（3）大数据计量经济分析：面向经济管理领域，内容涵盖计量经济学的基础知识和基本理论，以及大数据背景下的计量分析及应用。具体包括经典线性回归模型及其拓展、包含虚拟变量的回归模型、受限因变量回归模型、计数模型、高维数据的套索回归模型、面板数据模型、空间计量分析模型。

（4）大数据管理方法与应用：面向大数据管理与应用专业的知识体系和理论框架，内容涵盖大数据基础知识、大数据管理的职能、大数据驱动的管理变革、基于大数据的管理决策方法，以及面向业务领域的大数据管理决策应用等。面向不同层次高校，本课程体系提供两门课程供选择，一门是大数据管理与应用概论，另一门是数据驱动的管理方法与应用，应从这两门课中至少选择一门。

2 门专业主干课应从以下 12 门课程中选择：数据结构与程序设计、Python 编程基础、数据库技术、大数据可视化原理与实践、数据挖掘与机器学习、自然语言处理、非结构化数据分析与应用、管理统计学、大数据治理、智能优化算法基础、决策理论与方法、复杂网络理论与应用。具体如下：

（1）数据结构与程序设计：深入探讨数据结构的原理、设计和应用，内容包括软件设计中经常遇到的线性表、堆栈、队列、串、数组、树和二叉树、图等典型数据结构的逻辑结构、存储结构和操作的实现，以及递归算法设计方法和各种典型排序和查找算法的设计，关注数据元素在存储器中的分配、管理和操作等关键问题。

（2）Python 编程基础：覆盖 Python 程序设计和大数据分析实践的主要方面，围绕 Python 编程基础与大数据分析，包括 Python 编程环境搭建、变量与数据类型、类和对象、程序结构设计、Python 代码组织、Python 数据库管理、网络爬虫设计、Python 数据挖掘与深度学习等内容。

（3）数据库技术：以当前流行的主流 NoSQL 数据库为核心，理论与实践相结合，知识点覆盖关系型数据库、NoSQL 和 NewSQL 数据库的基本概念和原理，对典型的键值数据库、列族数据库、文档数据库和图数据库进行分类介绍，并基于 MongoDB、HBase、Redis、Neo4j 等数据库讲解大数据管理的基本操作和软件实践。

（4）大数据可视化原理与实践：聚焦不同类型数据的可视化工具和实践方式，围绕大数据可视化的原理与实践，内容包括大数据可视化的常用工具和设计原理的详细介绍，以及基于数据类型和应用场景的各种大数据可视化技术和工具的具体实践方式。

（5）数据挖掘与机器学习：知识点覆盖数据挖掘知识、机器学习模型、数学推导和编程实践，理论和实践兼顾，包括数据预处理、特征选择、关联模式挖掘、数据降维、分类、聚类、异常检测、集成学习等内容。

（6）自然语言处理：围绕自然语言处理理论与实现，理论性与实践性相结合，知识点覆盖自然语言处理理论与实现的主要方面，包括自然语言处理基础模型、自然语言处理进阶模型、中文分词、词性标注、命名实体识别、主题模型、文本聚类、情感分析、知识图谱等。

（7）非结构化数据分析与管理应用：面向大数据管理与应用专业的知识体系和理论框架，内容包括非结构化数据的获取，数据描述性分析和可视化，文本数据、图像数据和语音数据的预测性分析，非结构化数据的采集、处理、分析和利用的相关方法及其在多个管理业务领域中的应用。

（8）管理统计学：深入探讨数据收集、整理和分析技术，围绕统计学的基本理论与方法，内容包括统计调查与抽样设计、描述性统计、参数检验、非参数检验、方差分析、回归分析、主成分与因子分析、判别与聚类分析、时间序列分析等。

（9）大数据治理：知识点覆盖大数据治理方面的主要内容，包括大数据治理的层次和特点、数据要素的概念和特征、数据要素管理体系、大数据治理的框架和流程、质量治理、安全治理、资产管理等内容。

（10）智能优化算法基础：面向管理学中的各类优化问题，首先概述优化模型求解方法，然后具体讲授不同类型的近似算法，包括搜索策略、经典启发式算法、仿生算法以及混合算法，最后通过案例讲解智能优化算法的应用。

（11）管理决策理论与方法：面向决策行为基础理论与方法，涉及管理学、统计学、运筹学、系统科学、信息科学等诸多领域，围绕决策相关理论与方法，重点讲授确定型决策分析、风险型决策分析、多目标决策分析、多属性决策分析、大数据分析与管理决策等内容。

（12）复杂网络理论与应用：聚焦复杂网络理论的最新发展前沿，以复杂网络理论的基本概念和研究方法为基础，提高分析复杂性问题的能力，开拓解决复杂性问题的思路，内容包括复杂网络指标、复杂网络模型、网络抽样与统计推断、网络鲁棒性、网络链路预测、网络社团检测、高阶网络、图表示学习等内容。

本课程体系中，各高校在选择不少于 2 门专业主干课时，可以在 12 门专业主干课程及内容的基础上进行重新组合和裁剪，以满足学校人才培养的特点及个性化需求。

在第 3 章课程教学大纲中，部分教学内容用 ★ 做了标注，可作为选学知识点，各门课程学时数也可以根据需要进行适当调整。

2.3　大数据管理与应用专业建设的相关建议

自 2018 年首批 5 所高校开设大数据管理与应用本科专业后，

很多高校陆续开设了本专业，各高校在内涵定位、师资力量、教学资源、就业情况等方面开展了很多探索实践，也凸显了一些亟待解决的问题。下面从 4 个方面对高校开展大数据管理与应用专业建设提出相关建议。

2.3.1 深化专业内涵建设

从学校办学定位和专业培养目标出发，结合学校的优势学科和特色领域，开展大数据管理与应用专业教育，设置特色课程，充分发挥学校的师资和领域资源优势，开展产教融合、科教融汇，深化专业内涵建设。

例如，哈尔滨工业大学大数据管理与应用专业采用大类培养模式，前两年按经济管理大类培养，以通识教育和专业基础教育为主，同时开设了经济管理类专业基础课，为学生奠定坚实的专业基础。学生在大学二年级期末专业分流时进入本专业学习，专业实行"本科生导师制"，鼓励学生参与导师的科研活动。

又如，东北财经大学大数据管理与应用专业依托学校卓越财经人才总体培养目标以及经济管理学科优势，开发了"基础理论+方法、技术、工具+领域实践"三位一体的知识能力素质模型，制定了以"数据分析+运筹优化"为基础、多学科交叉融合的课程体系，构建了系统化思维模块、运筹优化与决策方法模块、数据分析与软件工具模块、经济管理基础模块四大课程模块。以商务和金融大数据为重点领域，培养大数据+卓越财经管理人才，设置了金融学、金融大数据分析等课程。

再如，北京信息科技大学大数据管理与应用专业秉承学校的信息特色，依托学院的专业群落，将大数据技术与管理知识相融合，培养"工管融合"的高素质应用型人才。在夯实大数据技术的基础上，按照学科和专业标准，把学生培养目标分解成知识目标、能力目标和素质目标，设置大数据技术类、大数据分析方法类、大数据管理决策类 3 大类专业课程，形成了学科融合、本研一体、四位一体（实验、实践、实习、综合训练）实践教学的综合课程体系，将"课、赛、训"有机融合，创新实践教学，培养学生的大数据分析、应用和创新能力。

2.3.2 加强师资队伍建设

大数据管理与应用专业建设的一项重要任务就是加强师资队伍建设，加大人才引进力度，同时也要加强自身人才的培养，特别是中青年教师的培养，做好相关课程的培训工作，提高教师的教育教学水平。专业课教师要教学科研相结合，多学科交叉融合，积极承担与大数据管理相关的科研工作，科研成果要及时进课堂、进实验、进教材、进案例。要积极参加本专业的教学改革，承担相关教改课题，发表教学研究论文，结合课程建设出版高水平的教材。积极参加相关实验环境、实训平台和数据建设，提高大数据赋能管理的能力和数据化构造的能力。要结合课程教学，坚持课程思政，讲好中国故事，传播正能量，激发学生服务国家的热情。要打破院系间的限制，与学校的其他团队进行合作，取长补短；同时引进大数据行业中实践经验丰富的专业人才作为兼职教师，参与实践课程教学。学校还可以与企业开展合作交流，让教师在实践中了解大数据产业对大数据人才的真实需求，同时，教师自身的知识结构和实践能力也得以丰富，为后续实践教学工作的开展打下基础。

2.3.3 开展教学资源建设

1. 开展大数据课程资源建设

发挥学校行业领域特色，积累领域数据资源，开展大数据教学案例库与优质课程资源建设，探索互动式、案例式、线上线下混合式教学模式改革。

2. 鼓励和引导教师积极投身特色教材的建设

建立高水平教材编写奖励机制，鼓励教师编写、出版优秀教材。广泛开展高校间合作，发挥各自优势，联合编写教材，丰富教材的形式与内容。例如，哈尔滨工业大学大数据管理与应用专业通过联合多所高校和高等教育出版社，出版了大数据管理与应用专业系列教材。积极推动与行业产业的合作，确保教材既能反映前沿知识与技术，又有很强的实践针对性。例如，东北财经大学大数据管理与应用专业与东软集团合作完成教育部产学研协同育人项目，共同编写教材《金融大数据分析》。

3. 整合实践教学资源

充分利用校内资源，借助企业资源和政府资源，为专业实践教学提供充足的支撑。大力推动建设与大数据管理与应用专业发展相配套的校内校外实践基地。充分使用政府及行业公共数据开放平台，合理利用公共数据资源。开展产学研合作，共同搭建实习实训基地。整合创新创业资源，通过创业孵化项目、课赛结合等方式，加强学生在大数据领域的创新创业能力培养。

例如，哈尔滨工业大学经管学院与黑龙江联合产权交易所有限责任公司、哈尔滨股权交易中心有限责任公司、黑龙江阳光采购服务平台有限公司、中国建设银行哈尔滨工大支行、江海证券有限公司、融创物业服务集团有限公司、黑龙江金象生化有限责任公司、哈尔滨新媒网络科技有限公司等优秀企业合作，建立实习实训基地。同时，每年夏季学期也邀请相关企业精英，依托生产实习等课程，走进课堂中，向学生讲授企业大数据实战案例与技术。

东北财经大学大数据管理与应用专业强化与企业界的联系，打造校企共同育人的创新教学联动模式，聘任企业专家参与课程和实践教学，与企业建立全方位的产教融合合作机制；与东软集团、SAS 北京研发中心等企业合作，开设移动课堂、举办论坛、建设实验室与实习基地等。

2.3.4 开展就业分析与指导

围绕国家大数据发展战略，聚焦区域及行业人才培养需求，跟踪就业市场变化趋势，定期开展本专业毕业生的就业质量跟踪，建立、完善访企拓岗工作机制和就业指导系统。调研收集企业的人才培养建议和人才需求情况，以此对培养目标、课程设置、教学内容、实习实践等做出及时调整，打造符合需求且具有良好毕业生竞争力的专业人才培养体系。

第3章 课程教学大纲

本章根据设计的课程体系，按专业核心课、专业主干课分类给出课程教学大纲。

3.1 专业核心课

3.1.1 大数据管理与应用概论（Introduction to Big Data Management and Application）

一、课程简介

数据作为重要的生产要素，在国民经济各行各业中发挥着越来越重要的作用，也为社会发展和企业管理带来全新的挑战与机遇。因此，理解大数据对国民经济和企业管理的变革性影响，学习大数据及其管理的基础知识，掌握大数据从收集、分析、决策到应用的理论与方法，是高校学生适应科学技术与社会发展的要求。

本课程面向高校大数据管理与应用专业本科学生，定位为专业核心课程。课程以"大数据与管理变革""基于大数据的管理决策方法""基于大数据的管理决策应用"为主线，介绍大数据基础知识与管理职能、大数据时代的管理变革、大数据获取与质量管理方法、基于大数据的管理决策方法，以及面向商务、制造、医疗、金融等典型管理领域的大数据应用等内容。通过本课程学习，帮助学生对大数据的基础知识、大数据的管理职能、大数据的领域应用形成整体的认识。本课程为概论性课程，可以帮助学生初步建构较为系统的专业知识体系，激发学生后续深入学习专业知识和技术的兴趣。

二、教学目标

通过本课程的学习，使学生系统了解和掌握大数据管理的职能与方法，理解大数据对管理模式和决策范式的影响，掌握大数据收集、质量提升以及数据驱动的管理决策方法，初步具备面向典型领域基于大数据进行决策分析的能力。

三、与其他课程的关系

本课程之前，学生已经修习大数据管理与应用专业基础课程以及管理科学与工程类基础课程，本课程可作为大数据技术基础、大数据智能分析理论与方法、大数据计量经济分析等培养环节的基础理论支撑。

四、教学组织

课时数：32 学时

授课方式：可课堂讲授，或课堂讲授与实践相结合。

五、大纲说明

本课程较为系统地介绍大数据管理与应用专业的基础理论、方法与工具。在本课程之前，学生已修习管理科学与工程类基础课程，掌握了 Python 等数据分析语言与工具。本课程注重从管理学视角讲授大数据管理与应用的知识体系，知识点涵盖大数据与管理变革、基于大数据的管理决策方法、基于大数据的管理决策应用等相关内容。

先修课程：经济学、管理学、统计学等管理科学与工程类基础课程。

知识单元：本课程共设有 7 个内容单元，具体包括：

BDMA01　大数据基础知识

BDMA02　大数据管理的职能

BDMA03　大数据驱动的管理变革

BDMA04　大数据获取方法

BDMA05　大数据质量管理方法

BDMA06　基于大数据的管理方法

BDMA07　数据驱动的管理方法应用

六、教学内容

BDMA01　大数据基础知识

学　　时：2 学时

学习目标：

1. 掌握大数据的基本概念和主要特征

2. 了解大数据与大数据管理的发展过程

3. 了解大数据对经济社会发展和管理活动的影响

4. 掌握大数据全生命周期的内涵与分析任务

知识点：

◇ 大数据的基本概念

◇ 大数据的一般特征、形态特征、分析特征和资源特征

◇ 大数据对经济发展、社会治理和政务服务等领域的影响

◇ 大数据全生命周期的内涵

◇ 大数据全生命周期各环节的管理任务

BDMA02　大数据管理的职能

学　　时：2 学时

学习目标：

1. 掌握大数据管理的职能框架

2. 掌握大数据管理各项职能的目标与任务

3. 掌握数据管理能力成熟度的评估模型

知识点：

◇ 大数据管理的职能框架

◇ 管理对象视角和决策使能视角的数据管理

◇ 数据资产的价值评估方法与交易模式

◇ 大数据管理系统的体系架构、基本原理与相关技术

◇ 数据项目管理的主要类型与活动

◇ 数据管理能力成熟度的评估模型

BDMA03　大数据驱动的管理变革

学　　时：2 学时

学习目标：

1. 理解大数据时代的管理思维变革

2. 掌握大数据时代的管理模式变革

3. 掌握大数据时代的管理决策变革

知识点：

◇ 大数据时代管理思维变革的维度

◇ 大数据驱动的组织结构变革

◇ 大数据驱动的产品研发创新

◇ 大数据驱动的敏捷供应模式

◇ 大数据驱动的个性化营销模式

◇ 大数据驱动的人力资源管理模式

◇ 大数据驱动的管理决策范式与决策框架

BDMA04　大数据获取方法

学　　时：8 学时

学习目标：

1. 了解离线数据获取的相关方法

2. 掌握实时数据获取的方法与工具

3. 具备编写爬虫程序进行网络数据采集的能力

知识点：

◇ 数据仓库的体系架构与概念特征

◇ ETL 方法与工具

◇ 实时数据采集工具的基本架构原理

◇ 常用实时数据采集工具的结构和特点

◇ 数据爬取知识与反爬虫技术

BDMA05　大数据质量管理方法

学　　时：4 学时

学习目标：

1. 理解数据质量管理的必要性
2. 了解影响数据质量的主要因素
3. 掌握数据质量管理的体系与方法
4. 掌握数据质量的提升方法

知识点：

◇ 数据质量的概念与质量管理的必要性
◇ 影响数据质量的原因和数据质量管理面临的挑战
◇ 数据质量管理体系、评估方法与管理标准
◇ 数据质量事前、事中、事后的提升策略与方法

BDMA06　基于大数据的管理方法

学　　时：8 学时

学习目标：

1. 掌握数据驱动的管理建模方法与步骤
2. 了解文本、图像、语音等多模态处理的工具与方法
3. 理解基于大数据的预测、优化、评价与决策方法
4. 具备利用工具或编写程序进行数据分析的能力

知识点：

◇ 基于大数据的管理建模方法
◇ 多模态大数据的分析工具与方法
◇ 大数据特征工程理论与方法
◇ 基于大数据的预测、优化、评价与决策方法

BDMA07　数据驱动的管理方法应用

学　　时：6 学时

学习目标：

1. 理解不同领域数据驱动的管理创新思路
2. 掌握不同领域数据驱动的管理建模方法

知识点：

◇ 商务管理领域数据驱动的管理方法应用
◇ 制造管理领域数据驱动的管理方法应用

◇ 医疗管理领域数据驱动的管理方法应用

◇ 金融管理领域数据驱动的管理方法应用

◇ 公共管理领域数据驱动的管理方法应用

七、考核方式

成绩按百分制评定：

（1）闭卷考试 40%；

（2）上机实践 40%；

（3）平时成绩（包括出勤、课堂表现、作业完成情况等）20%。

3.1.2　大数据技术基础（Fundamentals of Big Data Technology）

一、课程简介

大数据原理和技术已广泛应用于社会、政治、经济等诸多领域。大数据技术基础是大数据管理与应用及相关本科专业的专业核心课程。

作为大数据的入门课程，本课程的主要目的是通过本课程的学习，并结合课内实践环节，使学生了解并掌握大数据相关的基本概念、方法、模型和工具，并具备一定的实际应用能力；以"构建知识体系、阐明基本原理、引导初级实践、了解相关应用"为原则，为学生搭建起通向"大数据知识空间"的桥梁和纽带，为学生在大数据领域进一步学习相关课程及从事相关工作奠定基础和指明方向。

二、教学目标

通过本课程的学习，使学生系统了解、理解或掌握不同知识单元的具体内容，达成课程标准的相应要求。具体包括：

1. 了解大数据的产生背景、基本概念和典型应用。

2. 理解大数据处理架构 Hadoop、NoSQL 数据库、Spark 框架、流计算、图计算的原理。

3. 掌握分布式文件系统 HDFS、分布式数据库 HBase、MapReduce 框架的运用。

4. 了解大数据技术的运用方式，能够进行基于开源框架的初步实践。

三、与其他课程的关系

在学习本课程之前，学生已经修习数据结构、程序设计原理等相关基础课程。本课程可作为学习大数据智能分析理论与方法、大数据管理方法与应用等相关课程的技术支撑（可同时）。

四、教学组织

课时数：32 学时。

授课方式：可课堂讲授，或课堂讲授与实践相结合。

五、大纲说明

本课程是大数据管理与应用专业必修的一门核心课程，需要一定的上机实践时间，以便进行案例实践和学习有关软件工具。由于信息技术发展加快，新的方法和工具不断涌现，所以需要不断更新课程内容。基于这个原因，本课程设立了选学单元，这些单元的内容需要根据信息技术的发展情况不断更新。

先修课程：数据结构与程序设计。

知识单元：本课程共设有 9 个内容单元，具体包括（标有 ★ 的为选修内容）：

FBDT01　大数据技术概述

FBDT02　大数据技术架构

FBDT03　大数据存储

FBDT04　大数据管理

FBDT05　大数据计算框架

FBDT06　NoSQL 数据库

FBDT07　新型计算模式 ★

FBDT08　大数据应用案例

FBDT09　大数据技术新发展 ★

六、教学内容（标有★的为选修内容）

FBDT01　大数据技术概述

学　　时：2 学时

学习目标：

1. 了解本课程的目的和需求

2. 掌握大数据基本概念的内涵和外延

3. 理解促成大数据时代到来的背景和因素

4. 理解大数据时代给人类带来的影响和改变

5. 理解大数据涉及的基本原理和关键技术

6. 了解大数据的典型应用领域和场景

知识点：

◇ 大数据的基本概念

◇ 大数据形成的背景

◇ 大数据产生的影响

◇ 大数据的基本原理和关键技术

◇ 大数据的应用领域

◇ 大数据、云计算和物联网的关系

FBDT02　大数据技术架构

学　　时：2 学时

学习目标：

1. 理解 Hadoop 的发展历史及其中的重要事件

2. 理解 Hadoop 的典型特性和当前的应用情况

3. 理解 Hadoop 的项目结构并能够在解决问题时选取合适的组件

4. 理解 Hadoop 1.0 的局限和 Hadoop 2.0 设计的改进，能够在一个计算环境中部署和启动 Hadoop

知识点：

◇ 大数据技术架构发展历史

◇ Hadoop 的重要特性

◇ Hadoop 的应用现状

◇ Hadoop 的项目结构及组件

◇ Hadoop 架构再探讨

◇ Hadoop 平台的安装与初步使用

FBDT03 大数据存储

学　　时：4 学时

学习目标：

1. 理解分布式文件系统 HDFS 的由来、概念、结构、设计需求和适用场景

2. 理解 HDFS 的概念、组成组件和体系架构

3. 理解数据如何在 HDFS 中进行存储和管理

4. 理解 HDFS 如何响应客户端的请求

5. 能够在一个计算环境中使用 HDFS

知识点：

◇ 大数据存储的基本概念

◇ 分布式文件系统 HDFS 的体系结构

◇ 分布式文件系统 HDFS 的存储原理

◇ 分布式文件系统 HDFS 的读过程

◇ 分布式文件系统 HDFS 的写过程

◇ 分布式文件系统 HDFS 的基本使用

FBDT04 大数据管理

学　　时：4 学时

学习目标：

1. 理解分布式数据库 HBase 的概念和特点

2. 理解 HBase 的常用访问接口和数据模型，及其与关系模型的异同

3. 理解 HBase 进行海量数据管理的实现原理

4. 理解 HBase 中进行数据访问的过程

5. 能够在一个计算环境中使用 HBase 进行大数据管理

知识点：

◇ 大数据管理的概念与特点

◇ 分布式数据库 HBase 的访问接口

◇ 分布式数据库 HBase 的数据模型

◇ 分布式数据库 HBase 的实现原理

◇ 分布式数据库 HBase 的运行过程

◇ 分布式数据库 HBase 的基本使用

FBDT05　大数据计算框架

学　　时：6 学时

学习目标：

1. 了解 MapReduce 产生的背景

2. 理解 MapReduce 编程框架的体系结构

3. 理解 MapReduce 的工作原理

4. 能够判断给定问题是否适用于 MapReduce

5. 能够熟练掌握设计基于 MapReduce 编程框架算法的方法和过程

6. 理解 Spark 的概念、运行架构及其与 Hadoop 的关系

知识点：

◇ MapReduce 的产生背景

◇ MapReduce 的体系结构

◇ MapReduce 的工作流程

◇ MapReduce 算法设计

◇ MapReduce 编程方法

◇ Spark 的基本概念

◇ Spark 的生态系统

◇ Spark 的运行架构

FBDT06　NoSQL 数据库

学　　时：4 学时

学习目标：

1. 理解 NoSQL 数据库产生的时代背景

2. 理解 NoSQL 和 SQL 数据库的主要异同点，能够区分两者的使用场景

3. 理解典型 NoSQL 数据库的类型，能够根据需求选择合适的 NoSQL 数据库

4. 理解 CAP 原理、BASE 原理和最终一致性原理

5. 了解从 NoSQL 到 NewSQL 的发展

知识点：

◇ NoSQL 数据库产生的背景

◇ NoSQL 与关系数据库的差异

◇ 典型 NoSQL 数据库

◇ CAP 原理

◇ BASE 原理

◇ 最终一致性原理

◇ NewSQL 的概念

FBDT07 新型计算模式 ★

学　　时：4 学时

学习目标：

1. 理解流计算的基本概念、产生背景和应用场景

2. 理解流计算的通用处理过程

3. 理解流计算典型开源框架 Storm 的基本概念、特点和设计思想

4. 理解图计算的基本概念、产生背景和应用场景

5. 理解图计算的通用处理过程

6. 理解 BSP 图计算模型 Pregel 的基本概念、特点和设计思想

知识点：

◇ 流计算的概念

◇ 流计算的处理流程

◇ 流计算开源框架 Storm

◇ 图计算的概念

◇ BSP 图计算的处理流程

◇ BSP 图计算模型 Pregel

FBDT08　大数据应用案例

学　　时：4 学时

学习目标：

1. 了解大数据技术的典型应用场景和运用方法

2. 针对信息推荐的任务，应用大数据技术并行化实现经典信息推荐模型

3. 针对大规模 SVM 问题，应用大数据技术并行化实现 SVM 的学习

知识点：

◇ 大数据技术的常见运用方法

◇ 大数据推荐

◇ 大数据分类

◇ 典型领域大数据应用案例

FBDT09　大数据技术新发展 ★

学　　时：2 学时

学习目标：

1. 了解大数据技术的发展趋势

2. 了解基于云的大数据解决方案

3. 了解基于分布式机器学习的大数据挖掘技术

4. 了解多模态大数据分析技术

知识点：

◇ 大数据技术的发展趋势

◇ 基于云的大数据解决方案

◇ 基于分布式机器学习的大数据挖掘技术

◇ 多模态大数据分析技术

七、考核方式

成绩按百分制评定：

（1）闭卷考试 40%；

（2）上机实践 40%；

（3）平时成绩（包括出勤、课堂表现、作业完成情况等）20%。

3.1.3 大数据智能分析理论与方法（Theory and Methods of Big Data Intelligent Analysis）

一、课程简介

近年来，随着信息技术及互联网的快速发展，各种组织收集、存储和传播的数据出现爆炸性的增长。由于数据规模庞大，传统数据分析方法很难对数据进行筛选分析，前沿的大数据分析技术对企业生产活动的重要性越来越大。本课程旨在教授学生大数据分析的理论与方法，以应对行业中的大数据挑战。

本课程面向高校大数据管理与应用专业本科学生，定位为专业核心课程。课程围绕大数据分析，讲授大数据分析基础、深度学习基础、计算机视觉、大语言模型、多模态建模、社会媒体智能分析、财务风险智能管理、电子商务智能营销等内容。通过上机实践，帮助学生深入了解大数据的智能分析理论，快速掌握大数据智能分析方法，并能够初步解决大数据分析与应用的实际问题。

二、教学目标

通过本课程的学习，使学生系统了解和掌握大数据智能分析的相关理论方法，对常见的大数据分析基础、深度学习基础、计算机视觉、大语言模型、多模态建模等进行全面和深入的了解，掌握基本的大数据分析与建模能力，能够初步将大数据分析方法用于社会媒体智能分析、财务风险智能管理、电子商务智能营销等商业领域。具体包括：

1. 了解大数据概念，了解常见大数据智能分析任务。

2. 掌握基础的深度学习模型，包括 CNN、LSTM、GRU、Transformer 等。

3. 掌握计算机视觉方法，能对图像、视频等数据进行建模分析。

4. 了解大语言模型的原理与预训练，掌握大语言模型的微调与使用方法。

5. 掌握多模态思想与方法，能利用文本、图像及视频等多模态数据对问题进行建模分析。

6. 掌握大数据社会媒体智能分析方法与应用，包括社会趋势分析、网络舆情分析等。

7. 掌握大数据财务风险智能管理方法与应用，包括财务异常预测、客户违约预警等。

8. 掌握大数据电子商务智能营销方法与应用，包括客户流失预测、产品精准营销等。

三、与其他课程的关系

在学习本课程之前，学生已经修习相关基础课程，包括 Python 编程、机器学习、高等数学、线性代数、多元统计分析等。课程可作为学习人工智能、自然语言处理、复杂网络、数据挖掘等相关课程的技术支撑（可同时）。

四、教学组织

课时数：48 学时

授课方式：可课堂讲授，或课堂讲授与实践相结合。

五、大纲说明

本课程是一门实践性课程，给本专业和其他相关专业学生提供大数据分析知识，培养学生的大数据分析能力。作为大数据管理与应用专业本科学生的专业核心课程，本课程知识点覆盖大数据分析原理和实践的主要方面。其中，大数据分析基础、深度学习基础、计算机视觉、大语言模型、多模态建模、社会媒体智能分析等为必修内容。目标检测算法、语义分割算法、大语言模型并行训练、财务风险智能管理、电子商务智能营销为选修内容。

先修课程：Python 编程、机器学习、高等数学、线性代数、多元统计分析。

知识单元：本课程共设有 8 个内容单元，具体包括（标有 ★ 的为选修内容）：

BDIA01　大数据智能分析基础

BDIA02　深度学习基础

BDIA03　计算机视觉

BDIA04　大语言模型

BDIA05　多模态建模

BDIA06　大数据驱动的社会媒体智能分析

BDIA07　大数据驱动的财务风险智能管理★

BDIA08　大数据驱动的电子商务智能营销★

六、教学内容（标有 ★ 的为选修内容）

BDIA01　大数据智能分析基础

学　　时：2 学时

学习目标：

1. 了解大数据与智能数据分析基本概念与术语

2. 了解常见大数据智能分析任务

3. 了解 Python 运行环境并能在计算机上自行搭建

4. 下载和安装、配置 Jupyter Notebook、Anaconda 等主流开发工具

知识点：

◇ 大数据智能分析流程与术语

◇ 常见大数据分析任务

◇ Python 运行环境搭建

◇ Jupyter Notebook、Anaconda 安装与使用

BDIA02　深度学习基础

学　　时：8 学时

学习目标：

1. 掌握全连接网络

2. 掌握卷积神经网络

3. 掌握循环神经网络

4. 掌握自编码器

5. 掌握 Transformer 结构

6. 了解梯度下降法

知识点：

◇ 全连接网络

◇ 卷积神经网络（CNN、3D-CNN）

◇ 循环神经网络（RNN、LSTM、GRU）

◇ Transformer 结构

◇ 梯度下降法

BDIA03　计算机视觉

学　　时：8 学时

学习目标：

1. 了解计算机视觉的常见任务（图像分类、目标检测、语义分割）

2. 掌握经典的图像、视频骨干网络结构

3. 掌握图像分类方法

4. 了解常见的目标检测算法

5. 了解常见的语义分割算法

知识点：

◇ 计算机视觉的常见任务（图像分类、目标检测、语义分割）

◇ AlexNet、ResNet、ViT 等模型

◇ SSD、YOLO 等 One Stage 目标检测算法

◇ R-CNN、Fast R-CNN 等 Two Stage 目标检测算法

◇ SegNet、U-Net 等语义分割算法

BDIA04 大语言模型

学　　时：10 学时

学习目标：

1. 了解大语言模型的训练流程

2. 掌握 Tokenizer 的制作

3. 了解大规模并行训练方法（数据并行、模型并行、管道并行、张量并行）

4. 掌握 BERT、GPT 的模型结构与预训练方法

5. 掌握大语言模型的微调方法

6. 掌握大语言模型的使用方法（提示词）

知识点：

◇ 大语言模型的训练流程

◇ Tokenizer 的制作

◇ 大规模并行训练方法（数据并行、模型并行、管道并行、张量并行）

◇ BERT、GPT 的模型结构与预训练方法

◇ 大语言模型的微调

◇ 大语言模型的使用

BDIA05 多模态建模

学　　时：8 学时

学习目标：

1. 了解多模态建模的定义与应用场景

2. 了解多模态数据的对齐方法（粗粒度对齐、细粒度对齐）

3. 掌握文本、图像、视频等多模态数据建模的联合表示与协同表示

4. 掌握多模态融合方法（特征级融合、决策级融合和混合方法融合）

知识点：

◇ 多模态建模的定义与应用场景

◇ 多模态数据的对齐方法

◇ 多模态的联合表示与协同表示

◇ 多模态融合方法

BDIA06　大数据驱动的社会媒体智能分析

学　　时：4 学时

学习目标：

1. 掌握社会媒体的图片信息编码

2. 掌握社会媒体的文本信息编码

3. 掌握社会媒体的视频信息编码

知识点：

◇ 社会媒体的图片信息编码

◇ 社会媒体的文本信息编码

◇ 社会媒体的视频信息编码

◇ 社会媒体的多模态建模

BDIA07　大数据驱动的财务风险智能管理★

学　　时：4 学时

学习目标：

1. 了解财务大数据风险管理内容

2. 熟悉财务大数据风险管理流程

3. 掌握财务大数据风险管理建模方法

4. 掌握财务大数据风险评估方法

知识点：

◇ 财务大数据风险管理内容

◇ 财务大数据风险管理流程

◇ 财务大数据风险管理建模方法

◇ 财务大数据风险评估方法

BDIA08 大数据驱动的电子商务智能营销★

学 时：4 学时

学习目标：

1. 了解大数据与目标市场营销战略

2. 掌握大数据与客户群体智能画像

3. 掌握大数据与商品实时智能定价

4. 掌握大数据与智能促销策略生成

知识点：

◇ 大数据与目标市场营销战略

◇ 大数据与客户群体智能画像

◇ 大数据与商品实时智能定价

◇ 大数据与智能促销策略生成

七、考核方式

成绩按百分制评定：

（1）闭卷考试 40%；

（2）上机实践 40%；

（3）平时成绩（包括出勤、课堂表现、作业完成情况等）20%。

3.1.4 大数据计量经济分析（Econometric Analysis of Big Data）

一、课程简介

随着大数据时代的到来，如何利用海量、来源广泛、更新实时的大数据，将大数据纳入计量经济分析并获取有价值的信息，是计量经济学分析方法在各领域广泛应用的需要。本课程将研究对象从结构化、规模较小的"小数据"扩展至海量、多维的"大数据"，在经典计量经济学理论基础上融入现代计量经济学方法，兼顾管理类专业特点的同时体现课程基础性、应用性和高阶性，旨在教授学生通过定量分析研究大数据场景下的计量分析建模方法和技术。通过理论学习和案例教学，使学生了解和掌握传统的计量经济分析方法，以及大数据场景下的计量经济分析方法和技术的应用。

本课程面向高校大数据管理与应用专业本科学生，定位为专业核心课程。课程以解决大数据场景下的定量分析问题为目的，讲授内容包括经典的计量经济学线性回归模型基本概念和基本理论、放松经典假设条件的现代计量经济模型的建模方法和建模技术，具有离散数据特征的受限因变量模型、计数模型、体现高维和多维特征的套索（Lasso）模型、空间计量分析模型等内容，通过案例和实践操作，培养学生数据分析能力，使学生能够运用计量分析方法解决大数据场景下的定量分析问题，为大数据时代的经济管理决策提供支撑。

二、教学目标

通过本课程的学习，使学生系统掌握计量经济学的理论和方法，能够利用计算机软件对现实经济和管理问题建立计量经济模型，掌握参数估计及检验的方法，并利用所建立的模型对大数据场景下的经济管理问题进行结构分析、预测和政策评价。具体包括：

1. 了解计量经济学的定义、起源和发展以及学科性质，理解大数据与小数据的关系，机器学习与统计学、计量经济学的关系，以及大数据对计量建模的挑战，掌握大数据场景下计量经济分析的过程和步骤。

2. 了解大数据的特点、数据质量问题，掌握大数据采集的含义及基本方法、大数据清洗和数据预处理的概念和方法，掌握对非结构化数据进行数据预处理的流程。

3. 掌握经典线性回归模型的基本理论，包括一元线性回归模型和多元线性回归模型的形式、基本假定以及参数估计方法，掌握线性回归模型的统计检验方法，包括参数的置信区间检验、变量的显著性检验、拟合优度检验和方程联合显著性检验，理解并掌握因变量的平均值和个别值的点预测及区间预测方法，了解可线性化的非线性函数，并能够灵活运用计量分析软件实现回归模型的参数估计和假设检验。

4. 理解并掌握在实际的经济和管理问题中，出现违背经典假定的情形，即解释变量之间存在严重的多重共线性、随机误差项存在异方差性、随机误差项存在自相关、解释变量具有内生性时，计量经济模型产生的后果，能够灵活运用计量分析软件对其进行检验和修正，了解大样本情形下的参数估计、统计推断和计量经济学检验。

5. 掌握虚拟变量的概念、作用、赋值原则，掌握虚拟变量作为自变量引入模型的方式，包括加法引入、乘法引入、加法和乘法混合引入，以及虚拟变量在模型结构稳定性检验、分段线性回归、交互效应分析中的特殊应用，能够运用计量分析软件对大数据场景下包含虚拟变量的回归模型进行建模和分析。

6. 掌握因变量为二元选择问题、因变量取值受限时的几种常见模型，包括离散选择模型（线性概率模型、Logit 模型、Probit 模型）、受限因变量模型（Tobit 模型）的基本原理、估计方法、适用条件，能够运用计量分析软件对大数据场景下离散与受限因变量模型进行建模和分析。

7. 掌握因变量为计数型变量时的几种常见模型，包括泊松回归模型、负二项回归模型和零膨胀回归模型的基本原理、估计方法、适用条件，能够运用计量分析软件对大数据场景下计数模型进行建模和分析。

8. 了解高维数据存在的问题，掌握处理高维数据的正则化方法，理解并掌握套索回归模型及相关超参数的设定和套索回归模型的评估方法，能够运用计量分析软件解决高维数据情形下计量模型的建立和分析。

9. 了解空间计量分析模型的基本理论，包括空间数据的界定、空间数据的展示、空间效应的分类，掌握空间权重矩阵的设定方法和空间相关性检验，了解三种基本的截面数据空间计量分析模型，即空间滞后模型、空间误差模型和空间杜宾模型的基本形式、估计方法和模型选择标准，能够运用计量分析软件对空间数据进行计量经济建模和分析。

三、与其他课程的关系

课程涉及微积分、线性代数、数理统计及经济理论的知识，是融合了数学、统计学及经济学于一体的一门交叉学科，因此先修课程为微积分、线性代数、概率论与数理统计、微观经济学、统计学等。

四、教学组织

课时数：54 学时

授课方式：可课堂讲授，或课堂讲授与实践相结合。

五、大纲说明

本课程是一门交叉学科课程，供本专业和其他管理类相关专业本科生学习计量经济分析理论与应用方法，通过实践操作培养学生解决大数据场景下的定量分析问题的能力。作为大数据管理与应用专业本科学生的专业核心课程，本课程知识点覆盖经典的计量经济学线性回归模型的基本概念和理论以及更贴近现实应用的现代计量经济模型的建模方法和技术，并考虑管理问题中大量离散数据类型的存在，加入受限因变量模型、计数模型；同时，加入大数据预处理的相关内容和比较成熟的处理高维数据情形的计量经济模型。其中，大数据预处理、经典线性回归模型及拓展、包含虚拟变量的回归模型、离散与受限因变量模型、计数模型和高维数据的套索回归模型为必修内容。空间计量分析模型为选修内容，供基础较好的教学班级选用。

先修课程：微积分、线性代数、概率论与数理统计、微观经济学、统计学。

知识单元：本课程共设有 9 个内容单元，具体包括（标有 ★ 的为选修内容）：

EABD01　导论

EABD02　大数据预处理

EABD03　经典线性回归模型

EABD04　经典线性回归模型的拓展

EABD05　包含虚拟变量的回归模型

EABD06　离散与受限因变量模型

EABD07　计数模型

EABD08　高维数据的套索回归模型

EABD09　空间计量分析模型★

六、教学内容（标有★的为选修内容）

EABD01　导论

学　　时：3 学时

学习目标：

1. 了解计量经济学的定义、分类和学科性质

2. 了解计量经济学的起源和发展

3. 理解大数据和小数据的关系，机器学习与统计学、计量经济学的关系

4. 理解大数据对计量建模的挑战

5. 掌握大数据场景下计量经济分析的过程和步骤

6. 了解常见的计量经济分析软件

知识点：

◇ 计量经济学的定义、起源和发展

◇ 计量经济学的学科性质以及与相关学科的关系

◇ 大数据和小数据的关系

◇ 大数据时代计量经济学面临的挑战

◇ 大数据场景下计量经济分析的方法和步骤

EABD02　大数据预处理

学　　时：3 学时

学习目标：

1. 了解大数据的特点

2. 了解大数据采集的含义及基本方法

3. 掌握非结构化数据清洗和数据预处理的基本概念和流程

知识点：

◇ 数据来源的类型和数据采集的方法

◇ 大数据的特点及数据质量问题

◇ 数据预处理的概念

◇ 数据集合并方式

◇ 缺失值处理方法

◇ 异常值处理方法

◇ 数据变换的方式

◇ 非结构化数据预处理的流程

EABD03　经典线性回归模型

学　　时：10 学时

学习目标：

1. 了解回归的含义

2. 掌握总体回归函数与样本回归函数

3. 掌握随机误差项存在的理由

4. 掌握线性回归模型的基本假定

5. 掌握普通最小二乘估计的基本原理和参数估计的性质

6. 了解矩估计和极大似然估计的基本原理

7. 掌握线性回归模型的统计检验方法

8. 掌握因变量的平均值和个别值的点预测及区间预测方法

9. 了解可线性化的非线性函数的基本形式和适用条件

10. 能够运用计量分析软件实现回归模型的参数估计和假设检验

知识点：

◇ 回归分析的含义

◇ 总体回归函数和样本回归函数的定义及表示形式

◇ 随机误差项存在的理由

◇ 一元线性回归模型和多元线性回归模型的形式和基本假定

◇ 普通最小二乘估计的原理和估计方法

◇ 普通最小二乘估计量的数值性质、统计性质和分布性质

◇ 矩估计和极大似然估计的基本原理

◇ 参数置信区间检验和变量显著性检验的基本原理和检验流程

◇ 拟合优度检验和方程显著性检验的基本原理和检验流程

◇ 因变量的平均值和个别值的点预测及区间预测方法

◇ 可线性化的非线性函数的基本形式和适用条件

◇ 用计量分析软件实现经典线性回归模型的参数估计和假设检验的步骤

EABD04　经典线性回归模型的拓展

学　　时：12 学时

学习目标：

1. 理解多重共线性的来源和后果

2. 掌握多重共线性的检验和修正方法

3. 理解异方差的来源和后果

4. 掌握异方差的检验和修正方法

5. 理解自相关的来源和后果

6. 掌握自相关的检验和修正方法

7. 理解内生性问题的来源和后果

8. 掌握内生性问题的解决方法

9. 能够运用计量分析软件对违背经典假定的情形进行检验和修正

10. 了解大样本情形下的参数估计、统计推断和计量经济学检验

知识点：

◇ 完全多重共线性和不完全多重共线性的定义

◇ 多重共线性的来源和后果

◇ 多重共线性的识别方法

◇ 修正多重共线性的若干方法

◇ 异方差的概念、出现原因以及对模型的不良影响

◇ 诊断异方差的若干方法

◇ 加权最小二乘法和异方差稳健标准误差

◇ 自相关的概念、出现原因以及对模型的不良影响

◇ 诊断自相关的若干方法

◇ 广义最小二乘法和自相关稳健标准误差

◇ 内生解释变量的含义和内生性来源

◇ 两阶段最小二乘法和工具变量检验

◇ 用计量分析软件检验和修正多重共线性、异方差、自相关和内生性的步骤

◇ 大样本情形下用计量分析软件进行参数估计、统计推断和计量经济学检验的方法和步骤

EABD05　包含虚拟变量的回归模型

学　　　时：4 学时

学习目标：

1. 理解虚拟变量的概念、作用和赋值原则

2. 掌握虚拟变量引入的方式

3. 理解虚拟变量的特殊应用

4. 能够运用计量分析软件对大数据场景下包含虚拟变量的回归模型进行建模和分析

知识点：

◇ 虚拟变量的概念和作用

◇ 虚拟变量的设置原则

◇ 虚拟变量的加法引入

◇ 虚拟变量的乘法引入
◇ 虚拟变量的混合引入
◇ 模型结构稳定性检验
◇ 分段线性回归
◇ 虚拟变量的交互效应分析
◇ 大数据场景下虚拟变量回归模型建模和分析的步骤

EABD06　离散与受限因变量模型

学　　时：6 学时

学习目标：

1. 掌握线性概率模型的定义和估计方法

2. 掌握 Logit 模型的基本形式和估计方法

3. 掌握 Logit 模型的边际效应和假设检验

4. 掌握 Probit 模型的基本形式和估计方法

5. 掌握 Probit 模型的边际效应

6. 理解截取数据和断尾数据的定义

7. 掌握 Tobit 模型的基本形式和估计方法

8. 能够运用计量分析软件对大数据场景下离散与受限因变量模型进行建模和分析

知识点：

◇ 线性概率模型的定义和基本形式
◇ 线性概率模型的估计方法及存在问题
◇ Logit 模型的基本形式、概率比的定义
◇ Logit 模型的估计方法和步骤
◇ Logit 模型的拟合优度检验和总体显著性检验
◇ Logit 模型的边际效应和预测准确率
◇ Probit 模型的基本形式和估计方法
◇ Probit 模型的边际效应和预测准确率
◇ 截取数据和断尾数据的区别和联系
◇ Tobit 模型的基本形式和估计方法

◇ Tobit 模型的边际效应

◇ 大数据场景下利用计量分析软件建立和估计离散与受限因变量模型的步骤

EABD07　计数模型

学　　时：6 学时

学习目标：

1. 了解泊松回归模型的形式和适用条件

2. 掌握泊松回归模型的参数估计和边际效应

3. 了解负二项回归模型的形式和适用条件

4. 掌握负二项回归模型的参数估计和假设检验

5. 了解零膨胀回归模型的形式和适用条件

6. 掌握零膨胀回归模型的参数估计和假设检验

7. 能够运用计量分析软件对大数据场景下计数模型进行建模和分析

知识点：

◇ 泊松回归模型形式和适用条件

◇ 泊松分布到达率

◇ 泊松回归模型的估计和边际效应

◇ 过度分散和散布不足的定义

◇ 负二项回归模型的形式和适用条件

◇ 负二项回归模型的估计和假设检验

◇ 零膨胀回归模型的形式和适用条件

◇ 零膨胀回归模型的估计和假设检验

◇ 大数据场景下利用计量分析软件建立和估计计数模型的步骤

EABD08　高维数据的套索回归模型

学　　时：4 学时

学习目标：

1. 了解高维数据存在的问题

2. 掌握正则化的原理和常见的正则化方法

3. 掌握套索回归模型的表示形式

4. 理解超参数的设定方法

5. 套索回归模型的估计方法和评估流程

6. 能够运用计量分析软件对高维数据的套索回归模型进行建模和分析

知识点：

◇ 高维数据存在的问题

◇ L1 范式正则化和 L2 范式正则化

◇ 套索回归模型的表示形式

◇ 交叉验证法

◇ 最小角回归的定义及算法流程

◇ 套索回归模型的评估流程

◇ 利用计量分析软件对高维数据套索回归模型建模与分析的步骤

EABD09 空间计量分析模型 ★

学　　时：6 学时

学习目标：

1. 了解空间数据的基础知识

2. 掌握空间权重矩阵的设定方法

3. 掌握空间相关性检验的方法

4. 了解空间滞后模型的基本形式和估计方法

5. 了解空间误差模型的基本形式和估计方法

6. 了解空间杜宾模型的基本形式和估计方法

7. 了解空间计量模型的选择标准

8. 能够运用计量分析软件对空间数据进行建模、估计和检验

知识点：

◇ 空间数据的界定

◇ 空间数据的展示

◇ 空间效应的分类

◇ 空间权重矩阵的设定方法和常用的空间权重矩阵

◇ 空间自相关检验的若干方法

◇ 空间滞后模型的形式及估计方法

◇ 空间误差模型的形式及估计方法

◇ 空间杜宾模型的形式

◇ 空间杜宾模型的直接效应和间接效应

◇ 空间计量模型的统计检验

◇ 空间计量模型的信息准则

◇ 利用计量分析软件对空间数据进行计量分析建模、估计和检验的流程

七、考核方式

成绩按百分制评定：

（1）闭卷考试 40%；

（2）上机实践 40%；

（3）平时成绩（包括出勤、课堂表现、作业完成情况等）20%。

3.1.5　数据驱动的管理方法与应用（Application for Data-driven Management Methods）

一、课程简介

具备利用大数据相关理论、方法和技术解决实际管理问题的知识和能力，是大数据管理与应用专业人才培养的必然要求，也是大数据管理与应用专业学生的核心竞争力。预测、决策、优化和评价是四类典型的管理问题。理解大数据分析技术与经典管理方法融合的新思路，掌握大数据环境下解决预测、决策、优化和评价等管理问题的新方法，有助于结合管理实践场景加深学生对所学专业知识的理解，提高学生利用大数据管理方法分析和解决

实际管理问题的能力。

本课程面向高校大数据管理与应用专业本科学生，定位为专业核心课程。课程围绕大数据管理建模的方法，数据驱动的预测、优化、评价与决策方法，以及数据驱动的管理方法应用等内容开展课堂教学。通过上机实践，帮助学生深入理解大数据管理方法的理论知识，进一步提升运用大数据管理方法解决管理问题的实践能力。

二、教学目标

通过本课程的学习，使学生系统了解和掌握大数据技术与经典管理方法的融合策略，掌握基于大数据解决管理问题的方法，具备使用 Python、Java 等工具分析数据和解决实际管理问题的能力。具体包括：

1. 了解大数据的相关知识，理解预测、决策、优化和评价等管理任务与方法，了解大数据对管理模式和管理方法的影响，理解大数据驱动的管理方法创新思路。

2. 掌握数据驱动的管理建模方法与步骤，掌握大数据环境下的特征工程方法，理解因果关系与关联关系的联系与区别，掌握因果关系与关联关系的分析方法。

3. 掌握基于大数据特征工程的预测方法和基于多模态数据的深度学习预测方法。

4. 掌握大数据驱动的决策框架和决策方法，掌握基于特征工程的和基于机器学习的决策方法，掌握预测与决策的协同方法，了解基于强化学习的多阶段决策方法和基于大模型 Agent 的管理决策方法。

5. 理解基于大数据的优化建模思路，掌握数据驱动的优化建模方法，掌握预测与决策的协同方法，了解复杂优化问题的智能建模与求解思路。

6. 掌握基于大数据的评价指标体系构建与权重测度方法，掌握基于大数据的专家知识提取方法，掌握基于决策树和深度学习的智能评价方法。

7. 理解不同领域数据驱动的管理创新思路，掌握不同领域数据驱动的管理建模方法。

三、与其他课程的关系

在学习本课程之前，学生已经修习大数据管理与应用专业基础课程以及管理科学与工程类基础课程，本课程可作为毕业设计等培养环节的理论和技术支撑。

四、教学组织

课时数：46 学时

授课方式：可课堂讲授，或课堂讲授与实践相结合。

五、大纲说明

本课程在学生掌握管理科学与工程类基础课程和大数据管理与应用专业基础课程等知识的基础上，面向预测、决策、优化、评价四类典型管理问题，讲授基于大数据及大数据分析技术的管理方法与应用，培养学生利用相关知识解决实际管理问题的能力。作为大数据管理与应用专业本科学生的专业核心课程，本课程首先介绍数据特征工程、关联分析与因果分析等大数据建模方法基础知识。在此基础上，从两个视角组织大数据管理方法的相关知识点：一是大数据与经典方法的融合视角，涵盖大数据与统计计量、运筹优化等融合的管理方法；二是基于大数据技术的视角，涵盖基于决策树、深度学习、强化学习等的管理方法。最后，结合商务、制造、医疗、金融等典型管理领域介绍数据驱动的管理方法应用。

先修课程：经济学、管理学、统计学、运筹学、管理信息系统等管理科学与工程类基础课程，以及大数据技术基础、大数据智能分析理论与方法、大数据计量经济分析等大数据管理与应用专业基础课程。

知识单元：本课程共设有 7 个内容单元，具体包括：

ADMM01　绪论

ADMM02 大数据管理建模方法
ADMM03 数据驱动的预测方法
ADMM04 数据驱动的优化方法
ADMM05 数据驱动的评价方法
ADMM06 数据驱动的决策方法
ADMM07 数据驱动的管理方法应用

六、教学内容（标有★的为选修内容）

ADMM01 绪论

学　　时：2 学时

学习目标：

1. 了解大数据的相关知识

2. 理解预测、决策、优化和评价等管理任务与方法

3. 了解大数据对管理模式和管理方法的影响

4. 理解大数据驱动的管理方法创新思路

知识点：

◇ 大数据类型与技术发展

◇ 管理预测、优化、评价、决策理论体系

◇ 数据驱动的管理方法变革

◇ 大数据技术的管理应用

ADMM02 大数据管理建模方法

学　　时：6 学时

学习目标：

1. 掌握数据驱动的管理建模方法与步骤

2. 掌握大数据环境下的特征工程方法

3. 理解因果关系与关联关系的联系与区别

4. 掌握因果关系与关联关系的分析方法

知识点：

◇ 人员、组织、信息测度与管理系统建模

◇ 数据驱动的管理建模步骤（CRISP）

◇ 特征选取与特征工程
◇ 基于大数据的关联分析方法
◇ 基于大数据的因果推断方法

ADMM03　数据驱动的预测方法

学　　时：8 学时

学习目标：

1. 掌握数据分布规律与时空特征挖掘
2. 掌握数据可预测性度量
3. 掌握基于大数据的统计预测方法
4. 掌握基于大数据的深度学习预测方法

知识点：

◇ 常见数据统计分布与时序规律挖掘
◇ 数据不确定性、可预测性度量
◇ 基于大数据特征工程的统计预测方法
◇ 基于大数据特征工程的机器学习预测方法
◇ 基于大数据的预测可解释性方法 ★

ADMM04　数据驱动的优化方法

学　　时：8 学时

学习目标：

1. 理解基于大数据的优化建模思路
2. 掌握数据驱动的优化建模方法
3. 掌握预测与决策的协同方法
4. 了解复杂优化问题的智能建模与求解思路

知识点：

◇ 数据驱动的管理优化思路
◇ 基于大数据的线性规划方法
◇ 基于大数据的整数规划方法
◇ 基于大数据的动态规划方法
◇ 复杂优化问题的智能建模与求解算法 ★

ADMM05 数据驱动的评价方法

学 时：8 学时

学习目标：

1. 掌握基于大数据的评价指标体系构建与权重测度方法

2. 掌握基于大数据的专家知识提取方法

3. 掌握基于决策树和深度学习的智能评价方法

知识点：

◇ 基于大数据的评价指标体系构建方法

◇ 基于大数据的评价指标测度与权重计算方法

◇ 基于大数据的专家知识提取方法

◇ 基于机器学习的智能评价方法

ADMM06 数据驱动的决策方法

学 时：8 学时

学习目标：

1. 掌握大数据驱动的决策框架

2. 掌握数据降维在管理决策中的应用

3. 掌握数据驱动的风险评价模型

4. 了解数据驱动的多 Agent 仿真技术

5. 掌握异常监测与预警方法

知识点：

◇ 大数据驱动的决策框架与范式

◇ 数据降维方法与指标构建

◇ 数据驱动的风险评估技术

◇ 基于大模型 Agent 的仿真环境构建与决策方法 ★

◇ 数据异常监测与预警算法

ADMM07 数据驱动的管理方法应用

学 时：6 学时

学习目标：

1. 理解不同领域数据驱动的管理创新思路

2. 掌握不同领域数据驱动的管理建模方法

知识点：

◇ 商务管理领域数据驱动的管理方法应用

◇ 制造管理领域数据驱动的管理方法应用

◇ 医疗管理领域数据驱动的管理方法应用

◇ 金融管理领域数据驱动的管理方法应用

◇ 公共管理领域数据驱动的管理方法应用

七、考核方式

成绩按百分制评定：

（1）闭卷考试 40%；

（2）上机实践 40%；

（3）平时成绩（包括出勤、课堂表现、作业完成情况等）20%。

3.2　专业主干课

3.2.1　数据结构与程序设计（Data Structure and Program Design）

一、课程简介

数据结构是构建高效、可靠和创新软件与系统的基础，不仅是一般程序设计的前提，还是设计和实现编译器、操作系统、数据库系统及其他系统程序和大型应用程序的必要条件。数据结构与程序设计旨在深入探讨数据结构的原理、设计和应用，增强学生的编程实践能力。

本课程面向高校大数据管理与应用专业本科学生，定位为专业主干课程。课程主要讲授软件设计中经常遇到的线性表、堆栈、队列、串、数组、树和二叉树、图等典型数据结构的逻辑结构、存储结构和操作的实现，以及递归算法设计方法和各种典型排序和查找算法的设计，关注数据元素在存储器中的分配、管理和操作等关键问题。

二、教学目标

通过本课程的学习，使学生较全面地理解数据结构的概念、掌握各种数据结构与算法的实现方式，比较不同数据结构和算法的特点，提高学生使用计算机解决实际问题的能力。具体包括：

1. 了解数据结构的基本原理和概念，包括数组、链表、栈、队列、树、图等。

2. 掌握数据结构的设计和实现，能够分析和选择适当的数据结构解决实际问题。

3. 掌握数据结构的高级应用，包括在编译器、操作系统、数据库系统等领域的实际运用。

4. 掌握编程技能，能够编写高效、可维护的代码，应对复杂的计算机科学问题。

5. 了解数据结构在计算机科学领域的重要性，为未来的职业发展打下坚实基础。

6. 掌握建立数学模型、使用不同的数据结构和不同的算法分别去解决问题的能力，探讨各种数据结构和算法的优缺点。

7. 学会如何根据实际问题来取舍数据结构和算法，并且在时间复杂度和空间复杂度之间进行平衡。

三、与其他课程的关系

在学习本课程之前，学生已经修习相关基础课程，包括计算机科学导论、高等数学、离散数学等，课程可作为学习人工智能、自然语言处理、复杂网络、数据挖掘等相关课程的技术支撑（可同时）。

四、教学组织

课时数：68 学时

授课方式：可课堂讲授，或课堂讲授与实践相结合。

五、大纲说明

本课程是一门实践性课程，给本专业和其他相关专业学生提供基础的程序设计知识，培养学生的编程实践和项目实现能力。作为大数据管理与应用专业本科学生的专业主干课程，本课程知识点覆盖数据结构和程序设计的主要方面。其中，线性表、栈和队列、字符串、二叉树等为必修内容。文件管理和外排序、索引技术为选修内容，供基础较好的教学班级选用。

先修课程：计算机科学导论、高等数学、离散数学。

知识单元：本课程共设有 10 个内容单元，具体包括（标有★的为选修内容）：

DSPD01　数据结构和算法简介

DSPD02　线性表、栈和队列

DSPD03　字符串

DSPD04　二叉树

DSPD05　树与森林

DSPD06　图

DSPD07　内排序

DSPD08　文件管理和外排序★

DSPD09　检索

DSPD10　索引技术★

六、教学内容（标有★的为选修内容）

DSPD01　数据结构和算法简介

学　　时：4 学时

学习目标：

1. 识别和描述不同数据结构的逻辑组织方式，理解数据结构在计算机内存中的物理表示

2. 学会执行各种基本的数据结构操作，如插入、删除、查找等，以及了解不同数据结构上这些操作的时间复杂度

3. 掌握算法的定义，明白算法与程序之间的区别，以及算法在问题求解中的作用

4. 理解如何衡量和评价算法的性能，包括时间复杂度和空

间复杂度的概念

知识点：

◇ 数据结构定义（逻辑结构、存储结构、运算）

◇ 抽象数据类型

◇ 算法及算法度量和评价（大 O 表示法及其运算规则）

DSPD02 线性表、栈和队列

学　　时：10 学时

学习目标：

1. 理解向量（数组）和链表（单链表、双链表）的基本特性、优缺点以及基本操作

2. 掌握线性表的基本操作，如插入、删除、查找、遍历等

3. 了解栈和队列的顺序实现（使用数组）和链接实现（使用链表）的特点和应用场景

4. 理解栈在计算机科学中的实际应用，如递归、表达式求值、函数调用等

知识点：

◇ 线性表（向量、链表）

◇ 栈和队列（顺序、链接）、栈的应用

◇ 递归到非递归的转换机制和方法★

DSPD03 字符串

学　　时：6 学时

学习目标：

1. 掌握如何在编程语言中定义和操作字符串类，以便在程序中使用字符串

2. 了解字符串的连接和拆分、搜索和替换以及字符串比较

3. 理解模式匹配的概念，掌握常见的模式匹配算法

知识点：

◇ 字符串抽象数据类型、存储表示和类定义

◇ 字符串的运算

◇ 字符串的模式匹配

DSPD04　二叉树

学　　时：12 学时

学习目标：

1. 了解二叉树的基本概念，了解根节点、子节点、叶节点、深度等基本术语

2. 掌握二叉树的基本类型和性质，了解不同类型的二叉树

3. 掌握前序遍历、中序遍历和后序遍历的概念和实现方式，理解层序遍历（广度优先遍历）的概念和应用

4. 掌握插入、删除、查找等操作在二叉树上的应用和实现方法

知识点：

◇ 二叉树的概念及性质，二叉树的抽象数据类型

◇ 二叉树的遍历

◇ 二叉树的存储实现

◇ 二叉检索树、堆与优先队列、Huffman 编码树

DSPD05　树与森林

学　　时：6 学时

学习目标：

1. 了解和应用树的基本概念和性质

2. 掌握树的遍历方式和常见操作

3. 掌握森林的概念

4. 解决与树和森林相关的算法问题

知识点：

◇ 树的概念，森林与二叉树的等价转换，树的抽象数据类型

◇ 树的遍历

◇ 树的链式存储，树的顺序存储

DSPD06　图

学　　时：10 学时

学习目标：

1. 了解什么是图，了解节点（顶点）和边的概念，以及不同类型的图，如有向图和无向图

2. 了解图的不同表示方式，包括邻接矩阵和邻接表，并理解它们的优缺点和适用场景

3. 掌握图的基本性质，如度、路径、连通性、环路、树等

4. 掌握图的深度优先搜索（DFS）和广度优先搜索（BFS）等遍历方法

5. 理解图的最短路径和最小生成树问题，如 Dijkstra 算法和 Bellman-Ford 算法

6. 学习解决最小生成树问题的算法，如 Prim 算法和 Kruskal 算法

7. 了解匹配问题和二分图，并学会解决最大匹配和最小点覆盖等问题

知识点：

◇ 图的基本概念，图的抽象数据类型，图的存储结构

◇ 图的周游（深度优先、搜索、广度优先、拓扑排序）

◇ 最短路径问题，最小支撑树（Prim 算法、Kruskal 算法）

DSPD07　内排序

学　　时：10 学时

学习目标：

1. 了解排序的定义和目标，以及排序算法的应用

2. 掌握常见的内排序算法，如冒泡排序、选择排序、插入排序、希尔排序、归并排序、快速排序等

3. 了解不同排序算法的稳定性、原地排序性质（是否需要额外的内存空间）以及时间复杂度

4. 掌握各种排序算法的具体实现方式，包括算法的步骤和

伪代码

5. 学会排序算法的操作，包括升序和降序排列，以及如何处理重复元素

6. 学会分析排序算法的性能，包括时间复杂度和空间复杂度的计算

7. 比较不同排序算法的性能，了解它们在不同情况下的优缺点和适用性

知识点：

◇ 排序问题的基本概念，三种简单排序算法（插入排序、冒泡排序、选择排序）

◇ Shell 排序、快速排序、归并排序、堆排序、基数排序

◇ 各种排序算法的理论和实验时间代价的讨论以及排序问题的下限的研究

DSPD08　文件管理和外排序 ★

学　　时：2 学时

学习目标：

1. 了解什么是文件和文件系统，了解文件的组织和存储结构，包括目录、文件属性、索引等

2. 学习文件的创建、打开、读取、写入、关闭等基本文件操作，以及文件的管理、维护和保护

3. 了解什么是外排序，理解外排序算法的概念和目标

4. 掌握常见的外排序算法，如多路归并排序、置换选择排序等

知识点：

◇ 外排序的特点

◇ 二路外排序

DSPD09　检索

学　　时：6 学时（含 2 小时实践）

学习目标：

1. 了解和应用信息检索的基本概念和模型

2. 掌握查询处理和索引构建技术

3. 了解排名和评估检索系统性能的方法

知识点：

◇ 检索的基本概念

◇ 基于线性表的检索

◇ 基于集合的检索

◇ 散列方法

DSPD10　索引技术★

学　　时：2 学时

学习目标：

1. 了解什么是索引，了解索引在数据库和信息检索中的作用和重要性

2. 学习各种常见的索引结构，如 B 树、B+树、哈希索引、倒排索引等，并了解它们的适用场景和特点

3. 学习如何构建索引，包括在数据插入、更新和删除时如何维护索引的一致性

4. 了解如何使用索引来优化查询性能，包括索引的选择、多列索引、覆盖索引等技术

5. 了解全文搜索引擎中的全文索引（Full-Text Index）和地理信息系统中的空间索引（Spatial Index）等特殊类型的索引

知识点：

◇ 倒排索引

◇ B+树等动态索引组织

◇ 红黑树

七、考核方式

成绩按百分制评定：

（1）闭卷考试 40%；

（2）上机实践 40%；

（3）平时成绩（包括出勤、课堂表现、作业完成情况等）20%。

3.2.2　Python 编程基础（Fundamentals of Python Programming）

一、课程简介

Python 作为一种高级的计算机编程语言，具有许多优点。首先，Python 的语法简洁易懂，适合初学者快速上手。其次，Python 有丰富的第三方库，可以轻松地实现各种功能。此外，Python 还具有跨平台性，可以在 Windows、Linux、MacOS 等多个操作系统上运行。这些特性使得 Python 迅速流行起来，在数据存储和管理、网络爬虫设计、科学计算、Web 开发、数据分析、人工智能等方面得到了非常广泛的应用。与此同时，越来越多的人在学习编程时将 Python 作为首选编程语言。

本课程面向高校大数据管理与应用专业本科学生，定位为专业主干课程。课程围绕 Python 编程基础与大数据分析，讲授 Python 编程环境搭建、变量与数据类型、类和对象、程序结构设计、Python 代码组织、Python 数据库管理、网络爬虫设计、Python 数据挖掘与深度学习等内容。通过上机实践，帮助学生深入了解 Python 语言的语法和功能，快速掌握 Python 编程的基础知识，并能够初步运用 Python 解决大数据管理与应用的实际问题。

二、教学目标

通过本课程的学习，使学生系统了解和掌握 Python 语言的程序设计基础，对 Python 的运行环境、开发工具、常用数据类型、代码组织等进行全面和深入的了解，具备基本的使用 Python 进行程序设计和项目开发的能力，能够初步将 Python 程序设计用于数据获取、数据管理与数据分析。具体包括：

1. 了解 Python 运行环境和主要编译工具，了解 Python 程序设计的基本概念，掌握 Python 语言的编程规范、注释方法和代码组织形式，能够搭建 Python 环境运行示例和自行编写的程序。

2. 掌握 Python 常用数据类型并能够定义和使用变量保存程序中的各种数据，掌握各运算符的作用并能够利用 Python 中支持的这些运算完成数据的处理，理解条件语句和循环语句的作用并能够在实际编写程序时灵活运用不同结构的语句完成实际问题的自动求解。

3. 掌握函数的定义与调用方法，理解包和模块的概念并掌握模块的定义和使用方法，了解并能灵活运用递归函数、高阶函数、Lambda 函数、闭包和修饰器等。

4. 了解 Python 在数据管理中的应用，掌握 Mysql. Connector、PyMongo 等模块的使用方法，能够使用 Python 实现对关系型和非关系型数据库的操作（连接、增删查改），提高大数据管理能力。

5. 了解网络爬虫的基本原理，掌握 Python 爬虫设计的一般流程和主要工具，能够使用 Requests、Beautifulsoup、Scrapy 等 Python 库对 PC 端网页和手机 App 的内容进行抓取。

6. 掌握基于 Scikit-learn 等第三方机器学习库的 Python 大数据建模与挖掘技术，能够快速编写 Python 程序对数据进行预处理、相关和回归分析、数据降维、频繁模式挖掘，并能实现分类和聚类任务。

7. 了解深度学习的主流建模框架，例如 TensorFlow、Keras、Caffe、PyTorch、Theano、CHTK、MXNet、PaddlePaddle、Deeplearning4j 等，能够使用 TensorFlow 和 PyTorch 框架搭建简单的深度学习模型。

三、与其他课程的关系

在学习本课程之前，学生已经修习相关基础课程，包括数据结构、程序设计原理等，课程可作为学习人工智能、自然语言处理、复杂网络、数据挖掘等相关课程的技术支撑（可同时）。

四、教学组织

课时数：48 学时

授课方式：可课堂讲授，或课堂讲授与实践相结合。

五、大纲说明

本课程是一门实践性课程，给本专业和其他相关专业学生提供基础的程序设计知识，培养学生的编程实践和项目实现能力。作为大数据管理与应用专业本科学生的专业主干课程，本课程知识点覆盖 Python 程序设计和大数据分析实践的主要方面。其中，Python 程序设计基本概念、编程规范、代码组织形式、常用数据类型、程序结构设计、网络爬虫（PC 端）、大数据分析实践等为必修内容。异常处理、并发编程、大数据平台交互、网络爬虫（手机 App 端）、深度学习等部分为选修内容，供基础较好的教学班级选用。

先修课程：数据结构。

知识单元：本课程共设有 10 个内容单元，具体包括（标有★的为选修内容）：

FPP01　Python 编程基础

FPP02　变量、数据类型及运算符

FPP03　程序结构设计

FPP04　代码组织与管理

FPP05　异常处理与并发编程★

FPP06　Python 大数据平台交互★

FPP07　Python 数据库管理

FPP08　网络爬虫设计

FPP09　数据挖掘与应用

FPP10　深度学习实践★

六、教学内容（标有★的为选修内容）

FPP01　Python 编程基础

学　　时：4 学时

学习目标:

1. 了解 Python 的发展历程,认识当前主流生态

2. 了解 Python 运行环境并能在计算机上自行搭建

3. 掌握 PyCharm、Anaconda 等主流开发工具的下载、安装和配置

4. 掌握标点符号使用、缩进、注释等 Python 编程规范

知识点:

◇ Python 版本发展及当前生态

◇ Python 运行环境搭建

◇ PyCharm、Anaconda 安装与使用

◇ Python 编程规范

◇ 编写和运行"Hello World"程序

FPP02　变量、数据类型及运算符

学　　时:4 学时

学习目标:

1. 掌握变量命名规则及赋值方法

2. 掌握数值、字符串、布尔型等常见数据类型

3. 掌握列表、元组、集合、字典等常见容器类型

4. 了解不同类型数据转换

5. 掌握算术运算符、比较运算符、位运算符、赋值运算符、逻辑运算符等的使用及其优先级

知识点:

◇ 变量的命名规则

◇ 数值、字符串和布尔型变量的含义及特点

◇ 列表、元组、集合、字典等容器类型的含义及特点

◇ 数据类型之间的转换

◇ 运算符(算术、比较、位、赋值、逻辑)

FPP03　程序结构设计

学　　时:4 学时

学习目标：

1. 掌握 Python 编程的顺序、选择和循环结构

2. 了解类（子类、父类）、对象的定义和创建

3. 掌握类的基本方法、魔法方法以及类的继承

4. 了解自定义函数的语法格式

5. 掌握可变参数函数和 Lambda 函数的使用方法

6. 掌握可迭代对象和迭代器的使用方法

知识点：

◇ 顺序、选择和循环结构语法格式

◇ 类（子类和父类）和对象的定义

◇ 类的方法和类的继承

◇ 可迭代对象和迭代器

◇ 可变参数函数和 Lambda 函数

FPP04　代码组织与管理

学　　时：4 学时

学习目标：

1. 了解模块、包、库的定义及特点

2. 掌握模块、包、库的导入方法

3. 掌握 Python 包的管理方法

知识点：

◇ 模块、包、库的定义

◇ import 的使用方法

◇ pip 和 conda 命令行

FPP05　异常处理与并发编程★

学　　时：4 学时

学习目标：

1. 了解常见的异常形式

2. 掌握异常捕捉的方法

3. 了解进程、线程和协程的概念

4. 掌握 I/O 密集型和 CPU 密集型程序的加速方法

5. 了解并发编程中保证线程安全的手段

知识点：

◇ 进程、线程和协程的含义及区分

◇ 异常捕捉常见方法

◇ I/O 密集型程序和 CPU 密集型程序的特点

◇ 互斥锁和可重入锁

FPP06 Python 大数据平台交互★

学　　时：4 学时

学习目标：

1. 了解 Spark 集群的架构和部署方式

2. 熟悉 Linux 虚拟机的创建和网络配置

3. 掌握 Spark 集群启动和管理指令

4. 掌握 Spark 集群的任务提交方法

5. 掌握 Spark 集群的第三方库调用和集群文件读写

知识点：

◇ Spark Standalone 架构

◇ Linux 系统常用指令

◇ 静态 IP 网络配置

◇ Spark 集群管理指令

◇ Spark 集群文件读写

FPP07 Python 数据库管理

学　　时：4 学时

学习目标：

1. 了解关系型和非关系型数据库的异同

2. 了解数据库管理系统的定义及其特性

3. 掌握 Mysql. Connector 模块的使用方法

4. 掌握 PyMongo 模块的使用方法

知识点：

◇ 数据库管理系统的重要特点

◇ 关系型数据库的原理

◇ 非关系型数据库的原理以及主要类型

◇ 基于 Mysql. Connector 模块实现关系型数据库增删查改操作

◇ 基于 PyMongo 模块实现非关系型数据库增删查改操作

FPP08　网络爬虫设计

学　　时：4 学时

学习目标：

1. 熟悉 HTTP 架构及其语法

2. 掌握正则表达式的使用方法

3. 熟悉常用的 Python 爬虫库及其语法

4. 熟练复现所提供的爬虫案例

知识点：

◇ 爬虫架构

◇ HTTP 原理和 HTML 基础

◇ 正则表达式构型

◇ Requests、BeautifulSoup、lxml、PyQuery 库 以 及 Scrapy 框架

◇ 模拟登录

◇ 异步爬虫设计

FPP09　数据挖掘与应用

学　　时：8 学时

学习目标：

1. 了解大数据的概念、特点以及数据挖掘常用库

2. 掌握数据清洗与处理基本步骤

3. 掌握数据降维、相关分析、分类算法、聚类算法等数据分析与挖掘方法

4. 熟练运用数据挖掘方法分析具体应用案例

知识点：

◇ 大数据的定义及特点

◇ 数据读取、数据清洗和异常值处理

◇ 主成分分析和因子分析

◇ 相关分析与回归分析

◇ 关联规则挖掘算法（频繁项集、Apriori 算法、FP‐growth 算法）

◇ 分类算法和聚类算法

FPP10　深度学习实践 ★

学　　时：8 学时

学习目标：

1. 认识深度学习，并了解深度学习的应用场景

2. 了解主流深度学习开源框架，掌握基于 PyTorch 的深度学习环境搭建

3. 熟悉 PyTorch 的基本语法

4. 掌握深度学习模型建模的基本步骤

知识点：

◇ PyTorch 框架

◇ 深度学习分析建模基本步骤

◇ 经典深度学习模型原理（多层感知器、卷积神经网络、递归神经网络和图神经网络）

七、考核方式

成绩按百分制评定：

（1）闭卷考试 40%；

（2）上机实践 40%；

（3）平时成绩（包括出勤、课堂表现、作业完成情况等）20%。

3.2.3　数据库技术（Database Technology）

一、课程简介

数据库是指存储和管理数据的系统，可以用来组织、存储、检索和更新大量结构化和非结构化数据，并保证数据的完整性和安全性。传统的关系型数据库面向结构化数据，通过二维关系表进行数据存储和访问，在处理海量数据方面存在许多不足。随着大数据相关技术的迅速发展，传统关系型数据库无法适应海量数据增长、应用高并发性及可扩展性和高可用性等需求，NoSQL 数据库技术应运而生。NoSQL 是一种不同于关系数据库的数据库管理系统设计方式，是对非关系型数据库的统称。通过使用键/值、列族、文档、图等非关系模型，NoSQL 以其灵活的可扩展性、简洁的数据模型和云计算与并发支持能力快速在互联网、电信、金融等行业得到广泛的应用。

本课程面向高校大数据管理与应用专业本科学生，定位为专业主干课程。课程通过理论与实践相结合，循序渐进地介绍关系型数据库和 NoSQL 的相关概念、技术和应用，并顺应大数据时代背景及要求，全面、系统地介绍多种 NoSQL 数据库的使用方法和适用范围。课程注重贯穿数据库在开发过程中的实践性应用，以当前流行的主流 NoSQL 数据库为核心，密切结合这些数据库的最佳实践，使学生在理解和实践的基础上掌握当前 NoSQL 数据库在软件开发过程中的使用方法、技术和工具。之前，如果学生已经修习关系型数据库，可在本课程中仅修习 NoSQL 部分。

二、教学目标

通过本课程的学习，使学生掌握 NoSQL 数据库的基本概念、基本原理、使用场景，掌握多种 NoSQL 数据库的部署及使用方法，掌握 NoSQL 数据库在软件项目中的开发使用方法，能够使用 NoSQL 数据库有效地解决实际问题。具体包括：

1. 了解数据库系统的基础知识，了解关系型数据库和非关系型数据库的发展历程，了解关系型数据库的数据结构、关系操作、关系完整性约束以及特点等。

2. 掌握结构化查询语言 SQL，熟悉 Oracle、Microsoft SQL Server、MySQL 等主流关系型数据库的安装和基本操作。

3. 掌握 NoSQL 数据库的分布式数据管理的特点及其与传统关系型数据库的区别，了解分布式系统中的一致性问题，掌握 NoSQL 和 NewSQL 数据库基本原理。

4. 掌握文档数据库的概念及特点，掌握 MongoDB 数据库的基本操作，掌握通过 Java 和 Python 访问 MongoDB 的基本实施过程，并了解 MongoDB 分片与副本集的相关概念、部署方法和 GridFS 的基本操作。

5. 了解列族数据库与 HBase 的发展过程，了解 HBase 的组件和功能并掌握 HBase 安装配置的基本过程，掌握 HBase 的数据模型和基本操作，了解通过 Java 访问 HBase 的基本实施过程。

6. 了解键值数据库的基本概念，了解 Redis 的特性和使用场景，掌握 Redis 安装配置的基本过程，掌握 Redis 的数据结构并了解使用 Java 操作 Redis 的基本实施过程。

7. 了解图论和图数据库的基本概念，了解 Neo4j 的概念和应用场景，了解 Neo4j 安装配置的基本过程，掌握 Neo4j 的数据模型并能在实际场景中熟练使用 Neo4j 实现图谱构建和分析。

三、与其他课程的关系

在学习本课程之前，学生已经修习相关基础课程，包括大数据技术基础、程序设计原理等，课程可作为学习人工智能、自然语言处理、复杂网络、数据挖掘等相关课程的技术支撑（可同时）。之前，如果学生已经修习关系型数据库，可在本课程中仅选修 NoSQL 部分。

四、教学组织

课时数：38 学时

授课方式：可课堂讲授，或课堂讲授与实践相结合。

五、大纲说明

本课程是一门实践性课程，给本专业和其他相关专业学生提供关系型数据库和非关系型数据库的基本概念、数据模型和技术基础，培养学生的大规模数据管理实践能力。作为大数据管理与应用专业本科学生的专业主干课程，本课程知识点覆盖传统非关系型数据库以及 NoSQL 和 NewSQL 数据库的基本概念和原理，对典型的键值数据库、列族数据库、文档数据库和图数据库进行分类介绍，并基于 MongoDB、HBase、Redis、Neo4j 等数据库讲解大数据管理的基本操作和软件实践，培养学生的数据管理理论基础和实践应用能力。

先修课程：大数据技术基础、程序设计基础。

知识单元：本课程共设有 9 个内容单元，具体包括（标有 ★ 的为选修内容）：

DT01　数据库技术基础

DT02　关系型数据库基本原理与操作 ★

DT03　NoSQL 数据库基本原理

DT04　文档数据库与 MongoDB

DT05　列族数据库与 HBase

DT06　键值数据库与 Redis

DT07　图数据库与 Neo4j

DT08　其他类型的 NoSQL 数据库

DT09　区块链数据存储技术 ★

六、教学内容（标有 ★ 的为选修内容）

DB01　数据库技术基础

学　　时：1 学时

学习目标：

1. 了解数据库技术基本概念和应用场景

2. 了解关系型数据库和 NoSQL 数据库的发展历程

知识点：

◇ 数据库基本概念

◇ 数据库技术的应用场景

◇ 关系型数据库发展历程

◇ NoSQL 数据库产生背景

DB02 关系型数据库基本原理与操作 ★

学　　时：3 学时

学习目标：

1. 掌握关系型数据库的设计原则

2. 了解关系型数据库的功能和优缺点

3. 掌握结构化查询语言 SQL

4. 了解主流关系型数据库的基本操作

知识点：

◇ 关系型数据库设计原则

◇ 关系型数据库结构

◇ 关系完整性约束

◇ 结构化查询语言 SQL

DB03 NoSQL 数据库基本原理

学　　时：4 学时

学习目标：

1. 了解大数据对数据库管理的挑战

2. 掌握分布式数据管理的特点

3. 了解分布式系统的一致性问题

4. 了解 NoSQL 数据库的基本原理和特点

5. 了解 NewSQL 数据库的基本原理和特点

知识点：

◇ NoSQL 数据库及其应用场景

◇ NewSQL 数据库及其应用场景

◇ 分布式数据管理特点

◇ CAP 原理、BASE 与最终一致性、Paxos

DB04　文档数据库与 MongoDB

学　　时：6 学时

学习目标：

1. 了解文档数据库技术基础及发展历程

2. 理解文档数据库技术的典型特性和当前的应用情况

3. 理解 MongoDB 文档数据库的项目结构并能够选取合适的组件来解决问题

4. 能够在一个计算环境中部署和启动 MongoDB 文档数据库

5. 能够对 MongoDB 文档数据库进行实践操作

知识点：

◇ 文档数据库技术发展及应用

◇ 文档数据库技术的重要特性

◇ 文档数据库存储架构

◇ 文档数据库管理基础

◇ MongoDB 文档数据库的项目结构及组件

◇ MongoDB 文档数据库平台的安装与初步使用

◇ MongoDB 部署与实践

DB05　列族数据库与 HBase

学　　时：6 学时

学习目标：

1. 了解列族数据库技术基础及发展历程

2. 理解列族数据库的典型特性和应用情况

3. 了解 HBase 的组件和功能

4. 掌握 HBase 的数据模型和基本操作

5. 掌握 HBase 安装配置与集群管理

知识点：

◇ 列族数据库技术基础

◇ 列族数据库特点及应用现状

◇ 列族数据库存储逻辑架构

◇ HBase 的组件和功能

◇ HBase 的数据模型与设计原则

◇ HBase 的安装配置与基本操作

DB06　键值数据库与 Redis

学　　时：6 学时

学习目标：

1. 了解键值类数据库的基本概念及发展历程

2. 掌握键值类数据库的典型特性和应用场景

3. 了解 Redis 的功能、特点和应用场景

4. 掌握 Redis 的安装与配置

5. 掌握 Redis 字符串操作、散列操作、列表操作与集合操作

知识点：

◇ 键值类数据库发展历史

◇ 键值类数据库的重要特性

◇ 键值类数据库的应用现状

◇ 键值数据存储逻辑架构

◇ 键值数据库管理基础

◇ Redis 键值数据库的项目结构及组件

◇ Redis 键值数据库平台的安装与初步使用

DB07　图数据库与 Neo4j

学　　时：6 学时

学习目标：

1. 了解图数据库的发展历史及其中的重要事件

2. 理解图数据库的典型特性和当前的应用情况

3. 理解 Neo4j 图数据库的项目结构并能够选取合适的组件来解决问题

4. 能够在一个计算环境中部署和启动 Neo4j 图数据库

5. 能够对 Neo4j 图数据库进行简单操作

知识点：

◇ 图数据库技术发展历史

◇ 图数据库的重要特性

◇ 图数据库的应用现状

◇ 图数据存储逻辑架构

◇ 属性图模型

◇ Neo4j 图数据库的项目结构及组件

◇ Neo4j 图数据库平台的安装与初步使用

DB08　其他类型的 NoSQL 数据库

学　　时：4 学时

学习目标：

1. 了解其他类型的 NoSQL 数据库

2. 了解催生其他类型 NoSQL 数据库的需求及其设计思想

3. 了解其他类型 NoSQL 数据库的技术特点

知识点：

◇ 时序数据库的基本概念和思想

◇ RDF 数据库的基本概念

◇ 搜索引擎的基本概念

◇ InfluxDB 时序数据库简介

◇ Apache Jena-TDB 数据库简介

◇ Elasticsearch 简介

DB09　区块链数据存储技术 ★

学　　时：2 学时

学习目标：

1. 了解区块链数据存储技术的基本概念和诞生背景

2. 了解区块链数据存储技术的基本原理

3. 了解区块链数据存储技术的典型应用场景和运用方法

知识点：

◇ 区块链数据存储技术的基本概念

◇ 区块链数据存储技术的基本原理和应用场景

七、考核方式

成绩按百分制评定：

（1）闭卷考试 50%；

（2）上机实践 30%；

（3）平时成绩（包括出勤、课堂表现、作业完成情况等）20%。

3.2.4 数据挖掘与机器学习（Data Mining and Machine Learning）

一、课程简介

数据挖掘和机器学习是当今数字化世界中至关重要的技术，具有重要意义。在商业领域，数据挖掘有助于企业识别市场趋势、提高竞争力，提供个性化产品，从而增加销售额和利润。在科学研究中，数据挖掘帮助科研人员发现新知识和新模式，如医疗研究中的疾病风险因素识别或气象学中的天气预测。在社会和政策层面，政府和非营利组织可以利用数据挖掘来分析社会经济数据，制定更有效的政策，改善公共服务，提高社会福祉。

本课程面向高校大数据管理与应用专业本科学生，定位为专业主干课程。课程围绕数据预处理、特征选择、关联模式挖掘、数据降维、分类、聚类、异常检测、集成学习等内容，通过深入浅出的数学推导和直观翔实的案例分析，帮助学生深入了解机器学习常用算法的底层原理和功能，并能够熟练运用工具解决数据挖掘相关的实际问题。

二、教学目标

通过本课程的学习，使学生系统理解数据挖掘与机器学习的基本概念，掌握主要数据挖掘算法的基本原理、实现步骤和适用场合。通过本课程的学习，学生将具备从大规模数据集中发现模式、提取知识，并利用机器学习算法构建模型的能力，能够使用

Python 语言应用所学知识解决真实世界的数据挖掘和机器学习问题，提高实际技能和经验。具体包括：

1. 了解大数据的定义、内涵及主要特征，掌握数据挖掘的概念，了解大数据挖掘的在金融、医疗、社交媒体等领域的应用，了解数据挖掘中的隐私问题和伦理问题，掌握数据挖掘中需遵守的行为规范。

2. 了解数据预处理的主要任务，能够对缺失数据、冗余数据、错误数据进行相应的处理，掌握连续数据的离散化方法、分类数据的编码方法，掌握多种数据规范化方法及其适用场景。

3. 掌握关联模式挖掘的目标及定义，掌握频繁项集的定义，掌握 Apriori、FP-growth 算法的基本原理和 Python 应用，了解 Eclat、H-mine 算法的基本原理。

4. 掌握数据降维的定义及基本原理，掌握奇异值分解、主成分分析、因子分析、多维尺度变换的基本原理和 Python 应用，了解等距特征映射、线性判别、t-SNE 的基本原理。

5. 掌握分类的定义及原理，掌握分类算法的评价指标，掌握 K-近邻、朴素贝叶斯、决策树、Logistic 回归的基本原理、推导过程和 Python 应用，了解人工神经网络、支持向量机的基本工作原理。

6. 掌握聚类的定义及原理，掌握聚类算法的评价指标，掌握层次聚类、K 均值聚类、DBSCAN 算法的基本原理、推导过程和 Python 应用，了解 OPTICS、谱聚类、Mean-Shift 聚类的基本工作原理。

7. 掌握异常检测的定义及原理，掌握基于统计理论、数据降维、空间分布的异常检测方法的基本原理及 Python 应用，了解基于轻量预测、神经网络的异常检测方法的基本工作原理。

8. 掌握集成学习的定义及原理，掌握 Bagging 和 Boosting 的主要思想和异同，掌握随机森林、AdaBoost、梯度提升树的基本原理和 Python 应用，了解 XGBoost、LightGBM 的基本工作原理。

三、与其他课程的关系

在学习本课程之前，学生已经修习相关基础课程，包括高等数学、数据结构、程序设计原理、Python 编程基础等，课程可作为学习人工智能、自然语言处理、复杂网络等相关课程的技术支撑（可同时）。

四、教学组织

课时数：48 学时

授课方式：可课堂讲授，或课堂讲授与实践相结合。

五、大纲说明

本课程是一门理论和实践相结合的课程，给本专业和其他相关专业学生提供基础的数据挖掘知识，培养学生的数学推导和编程实践能力。作为大数据管理与应用专业本科学生的专业主干课程，本课程知识点覆盖数据挖掘和机器学习的主要方面。其中，绪论、数据预处理、数据描述与统计分析、关联模式挖掘、数据降维、分类、聚类、数据挖掘的隐私和伦理问题为必修内容。异常检测、集成学习为选修内容，供基础较好的教学班级选用。

先修课程：高等数学、线性代数、数据结构、Python 编程基础。

知识单元：本课程共设有 10 个内容单元，具体包括（标有★的为选修内容）：

DMML01　绪论

DMML02　数据预处理

DMML03　数据描述与统计分析

DMML04　关联模式挖掘

DMML05　数据降维

DMML06　分类

DMML07　聚类

DMML08　异常检测★

DMML09　集成学习★

DMML10 数据挖掘的隐私和伦理问题

六、教学内容 (标有★的为选修内容)

DMML01 绪论

学　　时: 2 学时

学习目标:

1. 了解数据挖掘的定义和商业需求

2. 掌握数据挖掘的基本过程和任务类型

3. 掌握机器学习的特点和方法分类

知识点:

◇ 数据挖掘定义和商业需求

◇ 数据挖掘的基本过程和任务类型

◇ 机器学习的特点和分类

◇ 大数据挖掘的典型应用

DMML02 数据预处理

学　　时: 4 学时

学习目标:

1. 了解数据类型与数据质量

2. 了解数据质量分析的六大要素及意义

3. 掌握常用数据预处理方法的流程

4. 掌握数据清洗、数据集成、数据规约、数据变换的目的及常用方法

知识点:

◇ 数据类型与数据质量

◇ 冗余数据处理方法

◇ 维度规约、数量规约、数据压缩方法

◇ 数据规范化、连续数据离散化、分类数据编码方法

DMML03 数据描述与统计分析

学　　时: 4 学时

学习目标：

1. 掌握集中趋势、离散程度、分布形态的度量指标

2. 掌握基本可视化图形的绘制方法及适用场景

3. 掌握常用相关系数的计算方法及意义

4. 掌握线性和非线性回归分析方法并能够应用于解决实际问题

知识点：

◇ 均值、中位数、众数

◇ 极差、平均差、方差、标准差、异众比率、四分位差、变异系数

◇ 偏态、峰态

◇ 相关系数、相似性与距离指标

◇ 线性和非线性回归分析方法

◇ 条形图、饼图、箱线图、直方图、折线图、散点图、气泡图的绘制方法

DMML04　关联模式挖掘

学　　时：6 学时

学习目标：

1. 掌握关联模式挖掘的流程

2. 了解闭频繁项集和极大频繁项集的概念

3. 掌握关联模式的评估指标和评估内容

4. 掌握 Apriori、FP-growth、Eclat 算法的原理和实现过程

5. 了解 H-mine 算法的原理与实现过程

知识点：

◇ 闭频繁项集和极大频繁项集的定义

◇ Apriori 的基本原理

◇ FP-growth 的基本原理

◇ Eclat 的计算流程

◇ H-mine 的优缺点

DMML05　数据降维

学　　时：6 学时

学习目标：

1. 掌握降维思想

2. 理解线性降维方法原理

3. 了解非线性降维方法思想

4. 掌握降维算法应用

知识点：

◇ 主成分分析的原理

◇ 因子分析的原理

◇ 多维尺度变换的计算步骤

◇ 等距特征映射的适用情况

DMML06　分类

学　　时：6 学时

学习目标：

1. 掌握分类的定义

2. 掌握分类算法的评价指标

3. 了解梯度下降法

4. 掌握常用分类算法的基本原理

知识点：

◇ K-近邻的参数选择

◇ 朴素贝叶斯的计算过程

◇ 决策树中的划分选择、剪枝、停止条件

◇ 通过梯度下降求解 Logistic 回归模型最优参数的计算推导

◇ 支持向量与最优分隔、非线性支持向量机与核函数

◇ 感知机的工作原理、误差逆传播算法步骤

DMML07　聚类

学　　时：6 学时

学习目标：

1. 掌握层次聚类的原理和聚类流程

2. 掌握 K-Means 算法的原理和聚类流程

3. 理解高斯混合聚类的原理和聚类流程

4. 理解 DBSCAN 和 OPTICS 算法的异同

知识点：

◇ 聚类簇数量的确定

◇ 单链接、全链接和平均链，自底向上和自顶向下策略

◇ K 均值聚类的原理

◇ DBSCAN 的原理

◇ 谱聚类的计算步骤

◇ Mean-shift 的主要思想

DMML08　异常检测★

学　　时：6 学时

学习目标：

1. 理解异常检测算法的定义、分类与评价指标

2. 掌握孤立森林算法的使用方法及优缺点

3. 掌握局部异常因子的原理推导及算法流程

4. 了解利用轻量级模型和算法进行异常检测的流程

5. 了解 LSTM 模型的基本原理及使用方法

知识点：

◇ 理解异常检测算法的定义、分类与评价指标

◇ 掌握孤立森林算法的使用方法及优缺点

◇ 掌握局部异常因子的原理推导及算法流程

◇ 了解利用轻量级模型和算法进行异常检测的流程

◇ 了解 LSTM 模型的基本原理及使用方法

DMML09　集成学习★

学　　时：6 学时

学习目标：

1. 掌握集成学习的基本思想

2. 掌握 Bagging、Boosting、Stacking 的集成过程

3. 掌握 AdaBoost、梯度提升树、随机森林的集成原理

4. 了解 XGBoost、LightGBM 的集成原理

知识点：

◇ Bagging、Boosting

◇ 集成学习的结合策略

◇ 随机森林的集成原理

◇ AdaBoost 的优缺点

◇ 梯度提升树的构建步骤

DMML10　数据挖掘的隐私和伦理问题

学　　　时：2 学时

学习目标：

1. 了解数据挖掘中的隐私、伦理问题与挑战

2. 掌握数据偏见检测和消除策略方法

3. 了解数据隐私保护的法规和方法

知识点：

◇ 数据挖掘和机器学习中的伦理问题

◇ 数据偏见检测和消除策略

◇ 数据隐私保护的策略和方法

七、考核方式

成绩按百分制评定：

（1）闭卷考试 60%；

（2）平时成绩（包括出勤、课堂表现、作业完成情况等）40%。

3.2.5　自然语言处理（Natural Language Processing）

一、课程简介

自然语言处理是通过建立确定的计算模型分析、理解和处理

自然语言，将自然语言文本转化为计算机能够处理的形式，并从中提取有意义的信息的一门交叉学科，是计算机科学领域与人工智能领域中的重要方向之一。大数据的真正价值在于从中提取有意义的信息和洞察规律，自然语言处理技术有助于更好地理解、分析和利用这些数据，并挖掘其中隐藏的模式和规律。自然语言处理在智慧医疗和智能教育、智能客服和虚拟助手、舆情监测和危机管理等方面得到了非常广泛的应用。

本课程面向高校大数据管理与应用专业本科学生，定位为专业主干课程。课程围绕自然语言处理理论与实践，讲授统计学习与神经网络、中文分词、词性标注、命名实体识别、句法分析、主题模型、文本聚类、情感分析、预训练与大语言模型、机器翻译、知识图谱等内容。通过理论讲解与案例实践，帮助学生深入了解自然语言处理的各类任务，快速掌握自然语言处理的基础知识，并能够运用模型方法解决自然语言处理的实际问题。

二、教学目标

通过本课程的学习，使学生系统了解和掌握自然语言处理理论基础，对中文分词、词性标注、命名实体识别、句法分析、主题模型、文本聚类、情感分析、机器翻译、知识图谱等技术进行全面和深入的了解，掌握基本的自然语言处理模型和方法技术，能够有效运用统计机器学习、深度学习、预训练与大语言模型等初步开展自然语言处理任务。具体包括：

1. 掌握自然语言和自然语言处理的基本概念、难点和发展历程，了解自然语言处理技术的分类，熟悉大数据和自然语言处理之间的联系，了解自然语言处理的现实应用。

2. 掌握主要的文本表示方法、统计机器学习模型、神经网络模型，了解预训练语言模型的基本范式、大语言模型的技术演变路径，能够运用相应的评测指标评估各类模型性能。

3. 掌握中文分词、词性标注、命名实体识别、句法分析等自然语言处理任务的相关概念及难点，了解常用的语料库、标注集和开源工具，能够使用朴素贝叶斯、支持向量机、最大熵、条件随机场、隐马尔可夫等模型完成相应自然语言处理任务。

4. 掌握各类主题模型和文本聚类算法的原理、流程以及优缺点，能够基于具体案例进行主题提取和文本聚类的全流程实现。

5. 熟悉情感分析的相关概念、目的和应用场景，掌握各种情感分析方法的原理和流程，能够基于具体案例进行情感分类。

6. 了解机器翻译的原理、发展历程、算法流程以及相关语料库，掌握机器翻译的应用场景，熟悉机器翻译的前沿和挑战。

7. 了解知识图谱的基本概念和发展历程，掌握知识图谱的构建流程和技术，熟悉知识图谱的融合和推理过程，能够实现从零构建知识图谱。

三、与其他课程的关系

在学习本课程之前，学生已经修习相关基础课程，包括数据结构、Python 编程基础、机器学习理论基础等。课程可作为学习人工智能等相关课程的技术支撑（可同时）。

四、教学组织

课时数：48 学时

授课方式：可课堂讲授，或课堂讲授与实践相结合。

五、大纲说明

本课程是一门理论性与实践性相结合的课程，给本专业和其他相关专业学生提供基础的自然语言处理理论与模型知识，培养学生的编程实践和项目实践能力。作为大数据管理与应用专业本科学生的专业主干课程，本课程知识点覆盖自然语言处理理论与实践的主要方面。其中，自然语言处理基础（统计学习与神经网络）、中文分词、词性标注、命名实体识别、句法分析、主题模型、文本聚类、情感分析、知识图谱为必修内容。自然语言处理进阶（预训练与大语言模型）、机器翻译为选修内容，供基础较好的教学班级选用。

先修课程：数据结构、Python 编程基础、机器学习理论基础。

知识单元：本课程共设有 12 个内容单元，具体包括（标有 ★ 的为选修内容）：

NLP01　导论

NLP02　自然语言处理基础：统计学习与神经网络

NLP03　中文分词

NLP04　词性标注

NLP05　命名实体识别

NLP06　句法分析

NLP07　主题模型

NLP08　文本聚类

NLP09　情感分析

NLP10　自然语言处理进阶：预训练与大语言模型 ★

NLP11　机器翻译 ★

NLP12　知识图谱

六、教学内容（标有 ★ 的为选修内容）

NLP01　导论

学　　时：2 学时

学习目标：

1. 掌握自然语言和自然语言处理的基本概念和难点

2. 掌握自然语言处理的发展历程

3. 熟悉自然语言处理的主要技术分类

4. 熟悉大数据和自然语言处理的联系

5. 了解自然语言处理的现实应用

知识点：

◇ 大数据与自然语言处理的联系

◇ 自然语言处理的概念及难点

◇ 自然语言处理的发展历程

◇ 自然语言处理的主要技术分类，包括基于规则的方法、统计机器学习模型、深度学习模型、生成式预训练模型、大语言模型等

◇ 自然语言处理的现实应用

NLP02　自然语言处理基础：统计学习与神经网络

学　　时：5 学时

学习目标：

1. 掌握主要的文本表示方法

2. 掌握主要的统计机器学习模型

3. 掌握主要的神经网络模型

4. 掌握自然语言处理模型的主要评测指标

知识点：

◇ 文本表示的基本概念

◇ 独热编码

◇ 词袋模型

◇ TF-IDF

◇ 朴素贝叶斯算法

◇ 支持向量机

◇ 隐马尔可夫模型

◇ 最大熵模型

◇ 条件随机场

◇ BP 神经网络

◇ 卷积神经网络

◇ 递归神经网络

◇ 自然语言处理模型的评测指标

NLP03　中文分词

学　　时：4 学时

学习目标：

1. 熟悉中文分词的概念和主要挑战

2. 掌握基于词典匹配的分词方法

3. 掌握基于统计机器学习的分词方法

4. 了解常见的中文分词开源工具

5. 能够编程实现简单的中文分词任务

知识点：

◇ 词典

◇ 切分算法

◇ 基于 N 元语法模型的中文分词

◇ 基于隐马尔可夫模型的中文分词

◇ 基于条件随机场模型的中文分词

◇ 中文分词开源工具

◇ 词的齐普夫定律

NLP04 词性标注

学　　时：4 学时

学习目标：

1. 掌握词性标注的相关概念及难点

2. 熟悉词性标注的常用方法及工具

3. 了解常见的词性标注语料库及标注集

4. 能够编程实现简单的词性标注任务

知识点：

◇ 词性的基本概念和类型

◇ 词性标注的概念和难点

◇ 词性标注集

◇ 兼类词与停用词

◇ 基于规则的词性标注方法

◇ 基于统计机器学习的词性标注方法

◇ 词性标注工具

NLP05 命名实体识别

学　　时：4 学时

学习目标：

1. 掌握命名实体的概念、类型及标注方式

2. 熟悉命名实体识别的常用方法

3. 了解命名实体识别的相关语料库、公开数据集及工具

4. 能够编程实现简单的命名实体识别任务

知识点：

◇ 命名实体的概念和类型

◇ 命名实体识别的概念和难点

◇ 序列标注

◇ 指针标注

◇ 基于规则的命名实体识别方法

◇ 基于统计机器学习的命名实体识别方法

◇ 命名实体识别的开源工具

NLP06　句法分析

学　　　时：4 学时

学习目标：

1. 掌握句法分析任务类型及目的

2. 熟悉句法分析的相关理论和方法

3. 了解句法分析的常用工具及语料库

知识点：

◇ 句法的基本概念

◇ 句法分析的基本概念、难点和评价指标

◇ 短语结构树库

◇ 依存结构树库

◇ 上下无关文法

◇ 概率上下无关文法

◇ 基于转移的依存句法分析方法

◇ 基于图的依存句法分析方法

◇ 句法分析的开源工具

NLP07 主题模型

学　　时：4 学时

学习目标：

1. 熟悉主题模型的概念、应用和实现工具

2. 了解不同主题模型的算法原理、流程、优缺点

3. 掌握主题建模的全流程实现

知识点：

◇ 主题与主题模型的基本概念

◇ 主题模型的评价指标

◇ 主题模型的开源工具

◇ 隐含语义分析模型（LSA）

◇ 非负矩阵分解（NMF）

◇ 概率隐含语义分析模型（PLSA）

◇ 隐含狄利克雷分布模型（LDA）

◇ 词/文档向量辅助增强模型（Gaussian LDA）

NLP08 文本聚类

学　　时：4 学时

学习目标：

1. 了解文本聚类的概念和一般流程

2. 掌握文本聚类的经典算法和算法原理

3. 掌握文本聚类的全流程实现

知识点：

◇ 聚类与文本聚类的基本概念

◇ 文本特征工程

◇ 文本相似度

◇ 文本聚类的评价指标

◇ 层次聚类算法

◇ K-means 算法

◇ 基于密度的文本聚类算法 DBSCAN

NLP09　情感分析

学　　时：4 学时

学习目标：

1. 了解文本情感分析的相关概念和任务层次

2. 掌握文本情感分析的主要算法及其原理、流程、优缺点

3. 掌握情感分析的全流程实现

知识点：

◇ 情感的极性、强度和类型

◇ 情感分析的基本概念、层次和一般流程

◇ 情感词典

◇ 基于情感词典的情感分析实现

◇ 基于机器学习的情感分析实现

◇ 情感分析的开源工具

NLP10　自然语言处理进阶：预训练与大语言模型★

学　　时：5 学时

学习目标：

1. 了解预训练语言模型的基本范式

2. 了解典型大语言模型的基本情况

3. 掌握 Transformer 的架构和基本原理

4. 掌握 BERT 的主模型和预训练过程

5. 理解 GPT 的产生背景和技术演变路径

6. 理解 LLaMA 的模型结构和其他微调模型

知识点：

◇ 预训练语言模型的基本概念和发展历程

◇ 大语言模型的基本概念和发展历程

◇ Transformer 模型

◇ BERT 模型

◇ GPT 模型

◇ LLaMA 模型

NLP11　机器翻译 ★

学　　时：4 学时

学习目标：

1. 了解机器翻译的算法流程和技术

2. 掌握机器翻译的应用

3. 了解机器翻译的前沿和挑战

知识点：

◇ 机器翻译的基本概念和发展历程

◇ 统计机器翻译的原理、语料库

◇ 统计机器翻译模型三要素：语言模型、翻译模型、调序模型

◇ 基于 Transformer 的机器翻译模型

◇ 应用 BERT 模型的机器翻译

NLP12　知识图谱

学　　时：4 学时

学习目标：

1. 了解知识图谱的基本概念和发展情况

2. 掌握知识图谱的构建流程和技术

3. 熟悉知识图谱的融合和推理过程

4. 实现从零构建知识图谱

知识点：

◇ 知识表示与存储

◇ 知识抽取

◇ 知识融合

◇ 知识推理

◇ 基于知识图谱的问答系统

◇ 从零构建知识图谱

七、考核方式

成绩按百分制评定：

（1）闭卷考试 40%；

（2）上机实践 40%；

（3）平时成绩（包括出勤、课堂表现、作业完成情况等）20%。

3.2.6　大数据可视化原理与实践（Principles and Practices of Big Data Visualization）

一、课程简介

在当今数字化时代，如何从海量的大数据中提取有价值的信息已成为企业、政府部门和研究机构的共同关切。然而，大数据通常具有大规模、多种类、高维度等特点，其中包含的复杂和多样化的信息难以直观地理解和展示。因此，如何通过可视化手段，如图表、图形以及可交互性界面等方式，将大数据转化为易于理解和分析的图形化信息，帮助用户更好地理解数据模式、趋势、关联性，并挖掘其中的隐含价值成为重要的工作。

本课程面向高校大数据管理与应用专业本科学生，定位为专业主干课程。课程围绕大数据可视化的原理与实践，对大数据可视化的常用工具和设计原理进行详细介绍，并根据数据类型和应用场景讲授各种大数据可视化技术和工具的具体实践方式。通过理论讲授和上机实践，培养学生设计和开发大数据可视化方案的能力。

二、教学目标

通过本课程的学习，使学生深入理解大数据可视化的基本原理，了解常用的可视化工具使用方法和适用场景，能够根据数据类型和分析需求设计并开发出高效、直观的大数据可视化方案。具体包括：

1. 熟悉大数据可视化的发展历程和相关概念，掌握大数据可视化的类型和常用工具，能够根据不同的数据类型和分析需求选择合适的可视化工具。

2. 熟悉绘图、编程可视化、网络可视化、地图可视化和交互式可视化五类可视化工具的主要功能、特点以及适用场景。

3. 熟悉可视化作品的组成部分,掌握颜色搭配和可视化组件设计方法,理解简洁、一致、可读的可视化设计原则并应用于可视化方案设计。

4. 掌握结构化数据、文本数据、网络数据、地理空间数据以及复杂数据的特点,了解不同数据所适用的可视化工具并掌握其实践方法。

三、与其他课程的关系

在学习本课程之前,学生已经修习数据分析、Python 编程基础等相关课程,需要学生掌握数据处理技巧,如数据清洗、数据预处理等,同时具备一种或多种编程语言的基础知识,如Python、R 和 JavaScript 等。课程可作为数据分析和编程基础课程的应用拓展。

四、教学组织

课时数:24 学时

授课方式:可课堂讲授,或课堂讲授与实践相结合。

五、大纲说明

本课程是一门实践性课程,帮助本专业和其他相关专业学生掌握大数据可视化的基本原理和实践方法。作为大数据管理与应用专业本科学生的专业主干课程,本课程主要讲授不同类型数据的可视化工具和实践方式。

先修课程:数据分析、Python 编程基础。

知识单元:本课程共设有 8 个内容单元,具体包括:

PPBDV01　大数据可视化基础

PPBDV02　可视化工具

PPBDV03　大数据可视化设计原理

PPBDV04　结构化数据可视化

PPBDV05　文本数据可视化

PPBDV06　网络数据可视化

PPBDV07　地理空间数据可视化

PPBDV08　复杂数据可视化

六、教学内容

PPBDV01　大数据可视化基础

学　　时：2 学时

学习目标：

1. 了解大数据可视化的发展历程和相关概念

2. 掌握大数据可视化的不同类型及应用领域

3. 熟悉大数据可视化的挑战和趋势

知识点：

◇ 大数据可视化的定义及功能

◇ 大数据的五种类型及其应用场景

◇ 可视化设计的难点和挑战

PPBDV02　可视化工具

学　　时：2 学时

学习目标：

1. 了解不同可视化工具的主要功能

2. 熟悉不同可视化工具的特点

3. 掌握不同可视化工具的适用场景

知识点：

◇ 常见的图像文件格式

◇ 绘图工具及其特点

◇ 编程可视化工具及其特点

◇ 网络可视化工具及其特点

◇ 地图可视化工具及其特点

◇ 交互式可视化工具及其特点

PPBDV03　大数据可视化设计原理

学　　时：2 学时

学习目标：

1. 了解可视化设计的理论知识

2. 熟悉可视化作品的组成部分

3. 掌握视觉编码相关概念和视觉通道的类型

4. 掌握数据可视化设计技巧

5. 了解可视化设计评估方法

知识点：

◇ 颜色理论与应用

◇ 坐标系、标尺、背景信息等可视化组件

◇ 可视化原则和技巧

◇ 可视化评估的基本流程和方法路径

PPBDV04 结构化数据可视化

学　　时：4 学时

学习目标：

1. 了解结构化数据的定义和特点

2. 掌握结构化数据的可视化图形的定义及绘制方法

3. 掌握不同应用场景下可视化图形的选择和应用

知识点：

◇ 结构化数据的定义和特点

◇ 常用的结构化数据可视化图形及绘制方法

◇ 结构化数据可视化案例实践流程

PPBDV05 文本数据可视化

学　　时：4 学时

学习目标：

1. 熟悉文本数据及其可视化的含义和特点

2. 了解文本的可视化重点和不同方法

3. 掌握文本内容、关系及多层面信息的可视化方法

知识点：

◇ 文本数据的定义和特点

◇ 文本内容、关系及多层面信息的可视化方法

◇ 文本数据可视化案例实践流程

PPBDV06　网络数据可视化

学　　时：4 学时

学习目标：

1. 了解网络数据及其可视化的含义和特点

2. 熟悉网络数据可视化的工具、操作与评价

3. 理解网络数据可视化的布局算法原理及实现方法

知识点：

◇ 网络数据的基本概念

◇ Gephi 中常用的网络图布局算法和设计技巧

◇ 网络数据可视化案例实践流程

PPBDV07　地理空间数据可视化

学　　时：4 学时

学习目标：

1. 了解地理空间数据与基础地图学知识

2. 熟悉常见的地理空间数据可视化开源工具

3. 掌握常用的地理空间数据可视化方法

4. 实践使用地理空间数据可视化工具和技术

知识点：

◇ 地理空间数据的基本概念及特点

◇ 水平坐标系、垂直坐标系等基本地图学知识

◇ ArcGIS 使用方法

◇ 地理空间数据可视化案例实践流程

PPBDV08　复杂数据可视化

学　　时：2 学时

学习目标：

1. 了解复杂数据及其可视化的含义和特点

2. 熟悉复杂数据可视化的工具与操作

3. 掌握复杂数据可视化流程及实现方法

知识点：

◇ 复杂数据的基本概念及特点

◇ 常用的复杂数据可视化图形及绘制方法

◇ 复杂数据可视化案例实践流程

七、考核方式

成绩按百分制评定：

（1）可视化作品或实践报告 60%；

（2）平时成绩（包括出勤、课堂表现、作业完成情况等）40%。

3.2.7　非结构化数据分析与管理应用（Unstructured Data Analysis and Management Applications）

一、课程简介

非结构化数据分析与管理应用致力于探索将非结构化大数据转换为价值，以应对现代社会中数据急剧增长的挑战，适应迅速变化的市场需求。随着互联网、传感器技术和信息系统的蓬勃发展，组织和企业积累了前所未有的非结构化数据资源，这些海量数据的分析和利用，能够给商业、科学、医疗保健、社交媒体和政府等领域带来深远的影响。

本课程面向高校大数据管理与应用专业本科学生，定位为专业主干课程。本课程将引导学生如何有效地采集、处理、分析和利用非结构化数据，让学生系统掌握非结构化数据的分析方法，了解其在多个管理业务领域中的应用，从中获取商业洞见和解决实际问题。课程内容包括非结构化数据的获取、数据描述性分析和可视化、文本数据、图像数据和语音数据的预测性分析等，并简要介绍多模态数据分析，以确保学生更好地理解管理业务环境下多种结构的数据。通过本课程学习，帮助学生了解和挖掘非结构化大数据在管理场景的需求，掌握先进的非结构化数据分析理论方法和模型，积累大数据分析的实际经验，为学生结合具体行业的非结构化大数据开展分析与管理决策实践奠定基础和指明方向。

二、教学目标

通过本课程的学习，使学生系统掌握非结构化数据分析领域的理论方法和实践技能，能够处理和分析非结构化的大规模数据集，从中获取有价值的信息，并应用非结构化数据分析方法解决多个行业面临的实际问题。具体包括：

1. 深刻理解非结构化数据的本质和特点。学生将学会非结构化数据的定义、特征和应用领域，了解结构化数据和非结构化数据在当今社会大数据爆炸性增长中对各行各业产生的影响。

2. 了解非结构化数据获取和质量问题。学生将学会通过不同的获取方法获得非结构化数据，例如传感器、网络、社交媒体和其他渠道的非结构化数据，并对数据质量进行优化，以消除不一致性。

3. 掌握非结构化数据的描述性分析方法。学生将掌握非结构化数据的自然描述和数字描述，掌握将大量的数据从统计、挖掘、降维、链接等角度转化为可理解的可视化图形和图表，熟练使用非结构化数据的可视化工具，以帮助决策者更好地理解数据趋势。

4. 掌握非结构化数据的预测性分析方法。学生将掌握非结构化数据分析系统组成、基本方法以及分析工具，尤其针对文本数据、图像数据、语音数据等非结构化数据的分析方法，能够应用非结构化数据预测性分析方法，在面向应用的系统分析和商业应用中提出新的商业见解。

5. 应用非结构化数据分析解决业务问题。学生将学习如何将他们在课程中获得的非结构化数据分析知识和技能应用于解决业务问题，包括业务理解、数据收集和准备、分析方法、模型构建和部署、结果解释以及决策支持等方面。

三、与其他课程的关系

在学习本课程之前，学生已经修习相关基础课程，包括数据结构、Python 编程基础、概率论、统计学和线性代数等。

四、教学组织

课时数：48 学时

授课方式：可课堂讲授，或课堂讲授与实践相结合。

五、大纲说明

本课程旨在为学生提供广泛的非结构化数据分析的知识和技能，以应对当今数据密集型业务环境和业务需求。学生将深入理解非结构化数据的基本概念、特点和挑战，学习有效地获取高质量的非结构化数据，进一步对非结构化数据开展描述性分析，再深入应用非结构化数据的预测分析方法去解决实际业务问题。课程强调理论方法和实用案例相结合，鼓励学生开展非结构化数据驱动的项目。核心目标是使学生具备综合的非结构化数据分析技能，为在职场中应对日益复杂的大数据分析的挑战打下坚实的基础。

先修课程：Python 编程基础、数据结构、统计学。

知识单元：本课程共设有 8 个内容单元，具体包括：

UDAMA01 非结构化数据分析与应用概述

UDAMA02 非结构化数据获取和质量问题

UDAMA03 非结构化数据的描述性分析

UDAMA04 文本数据的预测性分析

UDAMA05 图像数据的预测性分析

UDAMA06 语音数据的预测性分析

UDAMA07 多模态数据分析

UDAMA08 非结构化数据分析的管理应用案例

六、教学内容

UDAMA01 非结构化数据分析和应用概述

学　　时：4 学时

学习目标：

1. 了解非结构化数据的概念和特点

2. 理解商业需求与数据驱动的决策之间的关系

3. 了解非结构化数据分析的典型案例，为解决实际业务问题做储备

知识点：

◇ 结构化数据与非结构化数据的特点

◇ 非结构化数据的定义和特点

◇ 非结构化数据分析方法分类与决策

◇ 非结构化数据分析的典型应用案例

UDAMA02　非结构化数据获取和质量问题

学　　时：4 学时

学习目标：

1. 掌握多种类型非结构化数据的获取方法，如设备、爬虫、众包、生成等

2. 理解非结构化数据的质量对数据分析的重要性

3. 了解几种类型的数据偏差对非结构化数据分析的影响

知识点：

◇ 非结构化数据收集方法，包括抓取、下载、录制、采集等

◇ 非结构化数据质量问题，如不规范文本、标签噪声、干扰场景等

◇ 非结构化数据的偏差影响，如样本偏差、观察者偏差和数据集偏差等

UDAMA03　非结构化数据的描述性分析

学　　时：6 学时

学习目标：

1. 了解不同类型非结构化数据分析的需求

2. 掌握不同类型非结构化数据描述性分析

3. 了解典型的非结构化数据的可视化方法

知识点：

◇ 文本数据的描述性分析

◇ 图像数据的描述性分析

◇ 语音数据的描述性分析

◇ 非结构化数据的可视化

UDAMA04 文本数据的预测性分析

学　　时：8 学时

学习目标：

1. 掌握文本数据的预处理方法

2. 掌握文本数据特征提取方法

3. 掌握文本主题和情感分析

4. 掌握文本数据开源分析工具

知识点：

◇ 文本数据预处理工具

◇ 文本数据特征提取方法

◇ 文本主题和情感分析

◇ 文本数据的分析工具

UDAMA05 图像数据的预测性分析

学　　时：12 学时

学习目标：

1. 掌握图像数据分析系统组成

2. 掌握图像数据的经典特征提取

3. 掌握图像数据的深度分类方法

4. 了解图像数据的深度检测方法

5. 掌握典型的图像数据开源分析工具

6. 了解图像数据分析的典型应用

知识点：

◇ 图像数据分析系统组成，包括传统特征和端到端结构

◇ 图像数据几种经典特征的提取

◇ 图像数据深度学习分类和检测

◇ 图像数据的分析工具使用

◇ 典型应用，如货架商品检测和商场行人重识别

UDAMA06　语音数据的预测性分析

学　　时：6 学时

学习目标：

1. 了解语音数据预处理方法

2. 了解语音数据的特征提取

3. 了解面向应用的语音识别

4. 了解语音数据开源分析工具

知识点：

◇ 语音数据预处理方法

◇ 语音数据的基本特征

◇ 面向应用的语音识别

◇ 语音数据分析工具使用

UDAMA07　多模态数据分析

学　　时：2 学时

学习目标：

1. 了解多模态数据的特点

2. 了解多模态数据的特征提取

3. 了解面向应用的多模态数据分析

知识点：

◇ 多模态数据语义相似性

◇ 多模态数据分析方法

◇ 面向应用的多模态数据分析

UDAMA08　非结构化数据分析的管理应用案例

学　　时：6 学时

学习目标：

1. 了解非结构化数据分析在零售、金融、制造、农业、能源行业的应用

2. 研究应用案例中的非结构化数据、分析方法和商业洞见

知识点：

◇ 非结构化数据在不同行业中的应用案例

◇ 案例研究包括商业主题、数据分析和商业洞见

七、考核方式

成绩按百分制评定：

（1）编程大作业 60%；

（2）平时成绩（包括出勤、课堂表现、作业完成情况等）40%。

3.2.8 管理统计学（Management Statistics）

一、课程简介

管理统计学是大数据管理与应用专业的基础课程，是研究数据收集、整理和分析技术的科学，通过探索数据内在的数量规律性，达到对客观事物的科学认识。本课程旨在培养学生应用统计学原理和方法解决实际问题的思维和能力。

统计数据的分析是管理统计学的核心内容，它是通过统计描述和统计推断方法探索出数据内在的数量规律性的过程，也是本门课程的重点。课程围绕统计学的基本理论与方法，讲授统计调查与抽样设计、描述性统计、参数检验、非参数检验、方差分析、回归分析、主成分与因子分析、判别与聚类分析、时间序列分析等内容。通过理论学习与案例实践，学生将能够针对实际管理问题收集数据，建立相应的统计模型，使用统计软件进行数据处理，分析经济管理中的实际问题。本课程可为后续深入学习大数据分析的相关课程奠定坚实基础。

二、教学目标

通过本课程的学习，使学生能够掌握统计学的基本理论和统

计研究的基本方法，了解统计学在各个领域的应用场景，掌握统计软件的使用。具体包括：

1. 掌握扎实的统计学基础知识以及数据分析的理论和方法，能够通过数据采集、数据处理和数据分析来处理经济、管理或电子商务等领域的实际问题。

2. 了解统计学在各个领域的应用场景，能够对经济、管理或电子商务等领域的具体问题进行描述，通过数据分析得出合理结论，为具体问题提供数据支持。

3. 运用统计学的理论和方法，针对经济、管理或电子商务等领域的具体问题，使用数据分析工具对数据进行收集、处理和分析，并能够对分析结果进行科学合理的判断和解读。

三、与其他课程的关系

本课程作为大数据管理与应用专业本科学生的专业主干课程，是高等数学、线性代数、概率论与数理统计的延伸，旨在帮助学生掌握统计学的基本理论和统计研究的基本方法，培养学生运用统计方法和计算机软件解决实际问题的能力，为后续的大数据分析和商务数据分析等课程奠定基础。本课程与管理学原理、微观经济学、多元统计分析等课程之间也存在紧密关系。

四、教学组织

课时数：48 学时

授课方式：可课堂讲授，或课堂讲授与实践相结合。

五、大纲说明

本课程主要讲授统计学基础知识以及数据分析的理论和方法，旨在为学生后续深入学习和实践打下坚实的基础。课程将突出培养学生针对实际问题运用统计学收集、分析、表述和解释数据的能力以及运用统计软件的能力。课程内容包括统计调查与抽样设计、数据描述性统计方法、假设检验、方差分析与回归分析等。课程强调应用实例阐明统计方法的基本原理和思想，并结合数据统计分析工具 R、Python 或 SPSS 进行教学。通过实际案例分析与实践，使学生能够掌握必备的大数据统计分析工具及方法。

先修课程：高等数学、线性代数、概率论与数理统计。

知识单元：本课程共设有 9 个内容单元，具体包括（标有 ★ 的为选修内容）：

MS01 统计学概述

MS02 统计调查与抽样设计

MS03 描述性统计

MS04 假设检验

MS05 方差分析

MS06 回归分析

MS07 主成分与因子分析

MS08 判别与聚类分析

MS09 时间序列分析 ★

六、教学内容（标有 ★ 的为选修内容）

MS01 统计学概述

学　　时：2 学时

学习目标：

1. 了解统计与统计学的概念、产生与发展，以及统计学在实际中的应用

2. 熟悉数据来源与分类，掌握标志、指标、变量、测量水平等相关概念

3. 熟悉统计分析的过程，了解常用的统计分析软件

4. 了解统计工作的基本原则

知识点：

◇ 统计的基本概念

◇ 数据类型及来源

◇ 统计分析的过程

◇ 常用统计分析软件

◇ 统计工作的基本原则

MS02　统计调查与抽样设计

学　　时：6 学时

学习目标：

1. 理解统计调查与抽样设计的基本概念

2. 掌握常用概率抽样与非概率抽样方法

3. 掌握抽样分布与参数估计的相关概念

4. 理解统计误差产生的原因、种类与控制措施

5. 了解调查问卷设计的基本方法

知识点：

◇ 统计调查与抽样方法

◇ 概率抽样与非概率抽样方法

◇ 总体参数与样本参数

◇ 统计量与抽样分布

◇ 调查问卷设计原则与技巧

MS03　描述性统计

学　　时：4 学时

学习目标：

1. 掌握数据位置特征（平均数、中位数、众数等）的计算及解读

2. 掌握数据离散特征（极差、四分位间距、方差、变异系数等）的计算及解读

3. 掌握数据分布形态特征（偏态系数、峰态系数等）的计算及解读

4. 掌握数据的相关系数的计算以及相关性强弱的判定

5. 掌握数据的常用图形化描述方法及应用特点

知识点：

◇ 数据预处理方法

◇ 数据位置特征

◇ 数据离散特征

◇ 数据分布特征

◇ 相关性分析方法

◇ 饼图、条形图、箱线图、散点图等常用可视化图表

MS04 假设检验

学　　时：6学时

学习目标：

1. 了解假设检验的基本概念、分类

2. 掌握假设检验的基本思想

3. 掌握分布的拟合优度检验方法

4. 熟悉单总体均值、方差的参数检验方法

5. 掌握单总体中位数的非参数检验方法

6. 熟悉双总体均值、方差比较的参数检验方法

7. 掌握双总体中位数比较的非参数检验方法

8. 掌握列联表独立性检验方法

知识点：

◇ 假设检验的基本概念和思想

◇ 分布的拟合优度检验

◇ 单总体特征的检验

◇ 双总体特征的比较检验

◇ 相关性检验

MS05 方差分析

学　　时：6学时

学习目标：

1. 了解方差分析的假设与基本原理

2. 掌握单因素方差分析、无交互作用双因素方差分析、有交互作用双因素方差分析的方法和步骤

3. 熟悉试验设计的基本概念和基本原则

4. 了解完全随机化设计、随机区组化设计等常用的试验设

计方法

知识点：

◇ 方差分析的假设与基本原理

◇ 单因素方差分析

◇ 无交互作用和有交互作用的双因素方差分析

◇ 试验设计的基本概念和基本原则

◇ 完全随机化设计方法、随机区组化设计方法

MS06　回归分析

学　　时：8 学时

学习目标：

1. 了解回归分析的基本概念

2. 掌握多元线性回归模型的构建、检验和预测方法

3. 了解多重共线性的基本概念及诊断

4. 掌握 Logistic 回归方法

5. 了解非线性回归的基本概念和构建

知识点：

◇ 回归分析的基本概念

◇ 一元线性回归与多元线性回归模型的构建、检验和预测

◇ 多重共线性的基本概念及诊断方法

◇ Logistic 回归模型的构建与分析

◇ 非线性回归的基本概念和构建

MS07　主成分与因子分析

学　　时：6 学时

学习目标：

1. 了解主成分分析的基本概念

2. 掌握主成分分析模型的求解方法

3. 了解因子分析的基本概念

4. 掌握正交因子模型的求解方法

知识点：

◇ 数据降维的定义与作用

◇ 主成分分析的基本思想

◇ 主成分模型的求解

◇ 因子分析的基本思想

◇ 正交因子模型的求解

◇ 因子旋转

MS08 判别与聚类分析

学　　时：6 学时

学习目标：

1. 了解判别分析的基本概念

2. 掌握距离判别法

3. 熟悉错判概率的估计

4. 了解聚类分析的基本概念

5. 掌握系统聚类法和 K-均值动态聚类法

知识点：

◇ 判别分析的基本概念

◇ 距离判别法

◇ 错判概率的估计

◇ 聚类分析的基本概念

◇ 系统聚类法和 K-均值动态聚类法

MS09 时间序列分析★

学　　时：4 学时

学习目标：

1. 认识时间序列数据的基本特征，掌握平稳时间序列的统计性质

2. 熟练掌握时间序列数据平稳性检验方法（时序图检验、自相关图检验）

3. 理解白噪声序列的定义及性质

知识点：

◇ 时间序列的定义

◇ 时间序列分析方法

◇ 平稳时间序列及其检验

◇ AR 模型

◇ MA 模型

◇ ARMA 模型

◇ ARIMA 模型

七、考核方式

成绩按百分制评定：

（1）考试成绩 60%；

（2）实验成绩 20%；

（3）平时成绩（包括出勤、课堂表现、作业完成情况等）20%。

3.2.9　复杂网络理论与应用（Theory and Application of Complex Networks）

一、课程简介

21 世纪以来，互联网、物联网和大数据技术的飞速发展加速了人类社会的网络化进程。气候、环境、生态等自然系统，社会、经济、政治、国防、军事等社会网络，以及信息、网络、能源、交通等技术网络都突破了各自的领域边界，空前紧密地耦合在一起。这种紧密联系使得网络的复杂性日益凸显，催生了复杂网络的相关研究。过去 10 年，复杂网络理论发展迅速，在图论、统计物理、计算机、管理学、社会学以及生物学等各个领域得到了广泛应用，一门崭新的交叉学科迅速崛起。

本课程正是在网络科学研究蓬勃发展的背景下，面向大数据管理与应用专业本科学生开设的专业主干课程，其目的是引导学生在理解事物的复杂关联关系以及网络科学范式的基础上，加深对社会和物理复杂系统的科学认识，结合自身专业方向在相关领域开展探索性、创新性研究，进而培养学生的学习能力、研究能力和创新意识。

二、教学目标

通过本课程的学习，使学生充分理解复杂网络的相关理论与应用，深刻认识复杂网络模型、复杂网络指标、小世界与无标度性等特性。同时，通过课程实践环节，使用配套建设的课程资源，如数据、软件、代码、案例等，帮助学生掌握基础的复杂网络建模、分析与可视化技术。具体包括：

1. 通过本课程的学习使学生了解国内外复杂网络的应用和发展现状，掌握复杂网络的基本概念、主要特征，熟悉复杂网络指标、复杂网络模型、网络抽样与统计推断、网络鲁棒性、网络链路预测、网络社团检测、高阶网络、图表示学习等复杂网络理论的主要思想和研究方法体系，初步学会用复杂网络的理论和思想分析解决实际问题。

2. 通过研究式、研讨式教学，帮助学生从网络视角去观察世界、认识世界，形成"网络思维"；通过复杂网络可视化软件的实操教学，帮助学生将复杂网络"建起来、画出来"，培塑学生良好的审美情趣；引导学生结合自身专业方向在相关领域开展探索性、创新性研究，培养学生学习能力、研究能力和创新意识，激发学生创新欲望和探索未知的勇气。

三、与其他课程的关系

在学习本课程之前，学生已修习概率与数理统计、线性代数等相关基础课程。

四、教学组织

课时数：48 学时

授课方式：可课堂讲授，或课堂讲授与实践相结合。

五、大纲说明

本课程是一门基础理论课程，面向本专业和其他相关专业学生讲授基础的复杂网络知识，提高学生分析复杂性问题的能力，开拓学生解决复杂性问题的思路。作为大数据管理与应用专业本科学生的专业主干课程，本课程知识点覆盖复杂网络的基础理论及应用，包括复杂网络指标、复杂网络模型、网络抽样与统计推断、网络鲁棒性、网络链路预测、网络社团检测、高阶网络、图表示学习等内容，并设有一次大作业汇报与交流的实践课。

先修课程：概率与数理统计、线性代数。

知识单元：本课程共设有 11 个内容单元，具体包括（标有★的为选修内容）：

TACN01　复杂网络基本概念

TACN02　复杂网络指标

TACN03　复杂网络模型

TACN04　网络抽样与统计推断★

TACN05　网络鲁棒性

TACN06　网络链路预测与社会化推荐★

TACN07　复杂网络传播动力学

TACN08　网络社团检测

TACN09　时序网络★

TACN10　高阶网络★

TACN11　图表示学习

六、教学内容

TACN01　复杂网络基本概念

学　　时：2 学时

学习目标：

1. 了解网络科学的起源与发展

2. 掌握网络数据的计算机表达

3. 熟悉现实系统的网络表示

4. 了解常用的网络数据分析软件

知识点：

◇ 图论的发展历程

◇ 网络数据的计算机表示

◇ 常用网络分析工具操作

TACN02　复杂网络指标

学　　时：6 学时

学习目标：

1. 掌握常见节点中心性指标的定义及计算

2. 掌握常见的网络拓扑结构指标计算

3. 能够对实证网络进行拓扑结构分析

知识点：

◇ 度分布

◇ 度关联性

◇ 集聚系数

◇ 网络效率

◇ 最大联通片

◇ 接近中心性

◇ 介数中心性

◇ 子图中心性

◇ 特征向量中心性

TACN03　复杂网络模型

学　　时：6 学时

学习目标：

1. 掌握经典的复杂网络模型

2. 理解网络的小世界性

3. 理解幂律分布

4. 了解其他的网络模型

知识点：

◇ 规则网络模型

◇ 随机网络模型

◇ 小世界网络模型

◇ 可调集聚系数的社会网络模型

TACN04　网络抽样与统计推断 ★

学　　时：4 学时

学习目标：

1. 掌握统计抽样基础知识

2. 熟悉网络上的各类统计抽样方法

3. 掌握随机游走和同伴驱动抽样方法的详细过程和统计推断量

4. 了解同伴驱动抽样的局限性和在不同网络上的实施过程

知识点：

◇ 网络抽样方法

◇ 无向网络抽样与统计推断

◇ 有向网络抽样与统计推断

◇ 中心网络抽样与统计推断

TACN05　网络鲁棒性

学　　时：4 学时

学习目标：

1. 了解网络渗流理论

2. 掌握网络鲁棒性的数学定义

3. 熟悉常用的网络鲁棒性测度指标

4. 了解不同场景下的鲁棒性攻击策略

知识点：

◇ 网络渗流基本概念

◇ 级联失效

◇ 网络瓦解测度指标

TACN06　网络链路预测与社会化推荐 ★

学　　时：4 学时

学习目标：

1. 了解链路预测的出发点

2. 掌握链路预测的评价指标

3. 掌握常见的链路预测算法

4. 熟悉链路预测在社会化推荐中的应用

知识点：

◇ 基于相似性的链路预测算法

◇ 基于极大似然估计的链路预测

◇ 基于机器学习方法的链路预测

◇ 推荐系统的评估指标

TACN07 复杂网络传播动力学

学　　时：4 学时

学习目标：

1. 掌握传统的传染病模型

2. 掌握均匀和非均匀网络中传染病模型的阈值求解

3. 能够阐述复杂网络上的传染病模型与传统模型的差异

4. 掌握 RWS 免疫的核心思想，理解其与其他免疫策略的差别

5. 掌握基于点对点扩散模式的模型

知识点：

◇ SI 模型

◇ SIS 模型

◇ SIR 模型

◇ 复杂网络的免疫策略

◇ 基于点对点扩散模式的信息传播模型

TACN08 网络社团检测

学　　时：6 学时

学习目标：

1. 了解社团检测算法的评价指标

2. 掌握主要的社团检测算法

3. 了解基于深度学习的社团检测算法

知识点：

◇ 网络社团检测算法评价指标

◇ 基于模块度的社团检测算法

◇ 基于信息论和概率的社团检测算法

◇ 基于深度学习的社团检测算法

TACN09 时序网络★

学 时：4 学时

学习目标：

1. 掌握时序网络的建模方式以及不同建模方式下的时序网络指标

2. 了解时序网络中常见的关键节点识别方法

3. 熟悉针对不同时序特性的时序网络配置模型

4. 了解时序网络中随机游走、疾病传播等动力学过程

知识点：

◇ 时序网络结构特性

◇ 时序网络演化动力学

◇ 时序网络传播动力学

TACN10 高阶网络★

学 时：4 学时

学习目标：

1. 掌握高阶网络的基本概念

2. 掌握高阶网络的建模方法

3. 理解高阶网络的中心性指标

4. 了解高阶网络的社区检测方法

知识点：

◇ 高阶相互作用

◇ 高阶依赖

◇ 高阶网络的建模方法

◇ 高阶网络的中心性指标

◇ 高阶网络的社区检测

TACN11　图表示学习

学　　时：4 学时

学习目标：

1. 理解图表示学习的基本概念

2. 掌握图神经网络的基本框架

3. 掌握图嵌入的表示方法

知识点：

◇ 基于因式分解的图嵌入方法

◇ 随机游走嵌入表示

◇ 图滤波器

◇ 图池化

七、考核方式

成绩按百分制评定：

（1）闭卷考试 60%；

（2）平时成绩（包括出勤、课堂表现、作业完成情况等）40%。

3.2.10　智能优化算法基础（Fundamentals of Intelligent Optimization Algorithm）

一、课程简介

管理学中存在许多大规模的、复杂的组合优化问题。求解这些复杂的优化问题，传统的方法需要遍历整个搜索空间，难以在可接受的时间范围内找到满意的解，且容易产生搜索的"组合爆炸"。受人类智能、生物群体社会性或自然现象规律的启发，研究者发明了智能优化算法来解决复杂的优化问题，如模仿自然界生物进化机制的遗传算法、源于固体物质退火过程的模拟退火算法等。这些算法已广泛用于求解管理学中的各类优化问题，如设施选址问题、库存管理问题和车辆路径问题等。

本课程面向高校大数据管理与应用专业本科学生，定位为专业主干课程。课程首先概述优化模型求解方法，然后具体讲授不同类型的近似算法，包括搜索策略、经典启发式算法、仿生算法以及混合算法，最后通过案例讲解智能优化算法的应用。教学过程中设计了编程实践环节，以帮助学生了解智能算法设计的框架，掌握算法流程，并能够初步运用这些算法来解决复杂系统的建模与分析问题。

二、教学目标

通过本课程的学习，使学生系统掌握智能算法的基本内容、基本原理和应用范畴。具体包括：

1. 了解优化问题常用的求解方法及分类，掌握近似算法有效性评估的准则。

2. 理解图搜索、盲目搜索策略、启发式搜索策略的基本概念和步骤。

3. 掌握深度优先搜索和宽度优先搜索的基本步骤，理解最佳优先搜索和 A∗ 算法的基本思路。

4. 初步掌握贪心算法的基本思想、Dijkstra 算法的递归思路和基本步骤。

5. 理解禁忌搜索算法、模拟退火算法、遗传算法和人工神经网络算法的基本原理和算法流程，了解其在具体优化问题中的应用。

6. 理解蚁群算法、鱼群算法和粒子群算法的基本原理和算法流程。

7. 了解混合启发式算法的基本思想，理解常用的混合启发式算法，如禁忌搜索分别与遗传算法、模拟退火算法相结合的混合启发式算法。

8. 了解智能优化算法的应用案例。

9. 在编程实践中能采用具体的算法来求解一个复杂的优化问题。

三、与其他课程的关系

在学习本课程之前，学生已经修习过相关基础课程，包括高等数学、线性代数、运筹学等，且至少掌握一门编程语言，如Python、C 语言等。

四、教学组织

课时数：32 学时

授课方式：可课堂讲授，或课堂讲授与实践相结合。

五、大纲说明

本课程是一门以应用为导向的课程，给本专业和其他相关专业学生提供基础的算法知识，培养学生的算法思维和项目实现能力。作为大数据管理与应用专业本科学生的专业主干课程，本课程知识点涵盖算法原理和流程的主要方面。

先修课程：运筹学、Python 编程基础。

知识单元：本课程共设有 6 个内容单元，具体包括：

FIOA01 优化模型及其求解方法概述

FIOA02 搜索策略

FIOA03 启发式算法拓展

FIOA04 仿生算法

FIOA05 混合算法

FIOA06 应用案例

六、教学内容

FIOA01 优化模型及其求解方法概述

学   时：2 学时

学习目标：

1. 复习基本的优化模型，如线性规划、整数规划

2. 了解常用的精确算法，如割平面算法、分支定界算法、分支定价算法

3. 掌握近似算法有效性评估的准则

4. 了解智能优化算法的分类、原理及应用场景

知识点：

◇ 近似算法有效性评估的准则

◇ 智能优化算法的分类

FIOA02　搜索策略

学　　时：4 学时

学习目标：

1. 了解搜索过程的三要素、搜索分类及评价指标

2. 掌握图搜索的概念、四个要素和基本步骤

3. 了解盲目搜索的思想，掌握深度优先搜索和宽度优先搜索的基本步骤

4. 了解启发式搜索的含义，理解最佳优先搜索和 A^* 算法的基本思路

知识点：

◇ 搜索的拓展规则和目标测试

◇ 有向图、无向图、OPEN 表、CLOSED 表、搜索图、指针

◇ 各种搜索策略的含义和基本步骤

FIOA03　启发式算法拓展

学　　时：8 学时

学习目标：

1. 掌握贪心算法的基本思想、Dijkstra 算法的递归思路和基本步骤

2. 理解禁忌搜索算法、模拟退火算法、遗传算法和人工神经网络算法的基本原理和算法流程

3. 了解启发式算法应用案例

知识点：

◇ 最优子结构、递归思想、初始解（化）、评价函数

◇ 邻域、禁忌策略、破禁准则、停止准则

◇ 染色体编码和解码、适应度函数、遗传算子（选择、交叉、变异）

◇ 神经网络的结构、激励函数、学习规则、神经网络的分类

◇ 各种算法的基本步骤

FIOA04　仿生算法

学　　时：8 学时

学习目标：

1. 理解蚁群算法、鱼群算法和粒子群算法的基本原理和算法流程

2. 了解仿生算法应用案例

知识点：

◇ 蚁群算法的初始化、节点选择、信息素更新、终止条件

◇ 鱼群算法的初始化、个体的适应值计算、评价和行为选择、新鱼群的生成、整体的评价、终止条件

◇ 粒子群算法的基本概念（粒子、位置、速度、适应度、个体最优位置、群体最优位置）、速度计算公式、粒子位置更新公式、终止条件

◇ 各种算法的基本步骤

FIOA05　混合算法

学　　时：4 学时

学习目标：

1. 了解混合启发式算法的基本思想

2. 理解禁忌搜索分别与遗传算法、模拟退火算法相结合的混合启发式算法

3. 了解混合启发式算法的应用案例

知识点：

◇ 混合启发式算法的思想

◇ 算法效率评价（与独立使用一种算法相比）

FIOA06　应用案例

学　　时：6 学时

学习目标：

1. 了解智能优化算法的应用案例

2. 针对一个优化问题，写出某一具体算法的伪代码并使用 Python 编程实现

知识点：

◇ 伪代码的写法

◇ 编程实现算法的逻辑

七、考核方式

成绩按百分制评定：

（1）闭卷考试 70%；

（2）上机实践 20%；

（3）平时成绩（包括出勤、课堂表现、作业完成情况等）10%。

3.2.11　管理决策理论与方法（Management Decision Theory and Methods）

一、课程简介

管理决策理论与方法是研究决策行为基础理论与方法的一门学科，它涉及管理学、统计学、运筹学、系统科学、信息科学等许多领域，是综合性较强的一门应用学科。其目的在于介绍现代管理决策的理论、技术和方法，为管理类其他分支如企业管理、人力资源管理、组织行为学、战略管理、生产运作管理、财务管理、项目管理、服务管理、公共管理等提供技术和方法的支撑；同时，也为经济研究和其他学科的研究提供有效的决策支持手段。

本课程面向高校大数据管理与应用专业本科学生，定位为专业主干课程。课程围绕决策相关理论与方法，重点讲授确定型决

策分析、风险型决策分析、多目标决策分析、多属性决策分析、大数据分析与管理决策等内容，帮助学生深入了解主要决策方法的基本原理和基本模型，培养学生用数学模型表达决策问题的能力，并能够对管理实践中的决策问题进行正确的分析和决策。

二、教学目标

通过本课程的学习，使学生系统了解和掌握决策分析的基本理论和方法以及求解软件在决策分析中的应用，能够灵活运用所学知识建立相关的决策模型并求解，培养学生从实践中发现问题、提出问题、分析问题和解决问题的能力和团队协作精神，提高学生的创新能力和综合素质，使学生成为懂得现代决策分析技术的管理人才。具体包括：

1. 熟练掌握决策分析的基本理论与概念，其中包括理解决策分析的概念和特征，掌握决策分析的基本要素和基本原则，掌握决策分析的步骤，了解决策系统的构成，掌握决策树的图素及画法。

2. 熟练掌握主要决策类型的理论方法，其中包括确定型决策分析、风险型决策分析、多目标决策分析、多属性决策分析、序贯决策分析、大数据分析与决策、智能决策等定量分析方法。

3. 掌握各决策类型的典型案例分析过程。

4. 灵活运用和操作各种相关的决策软件，包括 SPSS、Yaahp、Deap 2.1、Excel 等；通过软件实践，巩固课程所学的概念和原理，训练学生软件的操作熟练度和运用能力。

5. 培养学生综合运用所学决策理论、模型方法和求解软件解决实际问题的能力，包括提出问题、分析问题和解决问题的能力，实践动手能力、创新能力等。

6. 帮助学生树立正确的价值观；提高学生维护自身权利的意识，帮助学生树立牢固的法治观念；培养学生"对立与统一"的哲学思想，培养学生看待事物的客观视角和全局观念；引导学生将社会责任、自身理想和个人发展结合，潜移默化地培养学生经世济民的家国情怀。

三、与其他课程的关系

在学习本课程之前，学生已修习运筹学、概率论、统计学、管理学等基础课程。

四、教学组织

课时数：32 学时

授课方式：可课堂讲授，或课堂讲授与实践相结合。

五、大纲说明

本课程是用定量化的方法处理决策人的价值判断，通过学习决策科学中定量与定性分析方法，掌握各种管理决策分析方法的特征、应用条件和应用领域，并应用这些方法解决管理决策中的实际问题。作为大数据管理与应用专业本科学生的专业主干课程，本课程知识点覆盖主要决策分析类型和相应模型。其中，决策分析概论、确定型决策分析、风险型决策分析、多目标决策分析、多属性决策分析、大数据分析与管理决策等为必修内容。效用函数、网络分析法、可拓决策、粗糙集理论、证据理论、案例推理理论等部分为选修内容，供基础较好的学生选学。

先修课程：高等数学、概率论、统计学、运筹学、管理学。

知识单元：本课程共设有 7 个内容单元，具体包括：

MDTM01　决策分析概论

MDTM02　确定型决策分析

MDTM03　风险型决策分析

MDTM04　多目标决策分析

MDTM05　多属性决策分析

MDTM06　序贯决策分析

MDTM07　大数据分析与管理决策

六、教学内容（标有★的为选修内容）

MDTM01　决策分析概述

学　　时：2 学时

学习目标：

1. 理解决策分析的定义

2. 掌握决策分析类型

3. 根据具体决策问题给出其决策系统

4. 用决策树来描述决策问题

知识点：

◇ 决策

◇ 决策分析的基本原则

◇ 追踪决策

◇ 决策分析的定性与定量方法

MDTM02 确定型决策分析

学　　时：2 学时

学习目标：

1. 掌握确定型决策特征

2. 理解现金流量的概念

3. 了解货币时间价值的概念

4. 应用价值型经济评价指标、效益型评价指标和时间型评价指标对单方案评价决策

5. 能够结合相对经济效益评价指标对多方案投资决策进行评价

知识点：

◇ 确定型决策分析

◇ 现金流量及货币的时间价值

◇ 盈亏决策分析

◇ 无约束确定型投资决策

◇ 多方案投资决策

MDTM03 风险型决策分析

学　　时：6 学时

学习目标：

1. 掌握不确定型决策分析的五种准则

2. 掌握期望效用值、期望结果值和考虑时间因素的期望值三种评价准则

3. 利用决策树分析风险型决策问题

4. 掌握灵敏度分析的意义和原理

5. 掌握风险度的度量方法

6. 了解贝叶斯决策的意义

7. 掌握贝叶斯决策的步骤

8. 掌握完全信息价值、补充信息价值的计算方法

知识点：

◇ 风险型决策分析

◇ 期望值准则

◇ 决策树分析

◇ 贝叶斯决策分析

◇ 灵敏度分析

◇ 效用函数★

MDTM04 多目标决策分析

学　　时：8 学时

学习目标：

1. 掌握多目标决策的目标准则体系结构、评价准则

2. 了解目标准则体系中风险因素的处理方法

3. 掌握多维效用并合模型、规则及其应用

4. 掌握递阶层次结构权重解析过程

5. 理解模糊概念，掌握模糊综合评价方法

6. 掌握 DEA 模型

7. 领会网络分析法的基本原理、与层次分析法的区别

知识点：

◇ 多目标决策分析

◇ 效用并合

◇ 层次分析法

◇ 模糊综合评价

◇ 数据包络分析

◇ 网络分析法 ★

MDTM05 多属性决策分析

学　　时：4 学时

学习目标：

1. 掌握多属性决策指标体系设置的原则

2. 掌握决策指标的标准化方法

3. 掌握决策指标权重的确定方法

4. 掌握 TOPSIS 决策方法

5. 了解物元和可拓集合的概念及物元决策方法

知识点：

◇ 多属性决策分析

◇ 指标标准化

◇ 指标权重

◇ TOPSIS 法

◇ 可拓决策 ★

MDTM06 序贯决策分析

学　　时：4 学时

学习目标：

1. 掌握多阶段决策分析方法

2. 掌握状态转移概率的计算方法

3. 理解群决策的意义

4. 掌握群决策所应遵循的原则

知识点：

◇ 多阶段决策

◇ 序贯决策

◇ 马尔可夫决策

◇ 群决策 ★

MDTM07　大数据分析与管理决策

学　　时：6 学时

学习目标：

1. 了解大数据的概念、特性与获取

2. 了解大数据分析与数据分析的区别

3. 掌握大数据智能决策的过程

4. 掌握关联规则算法、聚类算法等数据挖掘方法

5. 了解粗糙集理论、证据理论、案例推理理论

知识点：

◇ 大数据

◇ 大数据分析

◇ 数据挖掘

◇ 大数据管理决策

◇ 智能决策 ★

七、考核方式

成绩按百分制评定：

（1）期末论文 60%；

（2）平时成绩（包括出勤、课堂表现、作业完成情况等）40%。

3.2.12　大数据治理（Big Data Governance）

一、课程简介

大数据治理课程是一门旨在培养学生掌握大数据治理基本理论、方法和实践技能的课程。大数据治理涉及国家、产业和企业不同层次，本课程在对不同层次数据治理进行全面介绍的基础上，重点从企业层次介绍数据治理的内容，旨在帮助学生构建数据要素思维，掌握大数据治理的理论方法体系，以更好地适应当

今数字社会和智能化时代。

本课程面向高等院校大数据管理与应用专业本科学生，定位为专业主干课程。课程主要讲授大数据治理的层次和特点、数据要素的概念和特征、数据要素管理体系、大数据治理的框架和流程、质量治理、资产管理等内容。通过大数据治理的案例分析和项目实践，帮助学生深入了解大数据治理的基础理论，并能够初步运用大数据治理的技术和工具解决大数据管理与应用的实际问题。

二、教学目标

通过本课程的学习，使学生系统了解和掌握大数据治理的基本框架和基础理论知识，培养学生的数据敏感性和大数据治理的意识，提高其在大数据管理与应用领域的综合素质。具体包括：

1. 理解数据要素的概念、特征和创造价值的过程。

2. 掌握数据治理的概念、背景、目标和价值，理解数据治理对企业数字化转型的重要性。

3. 掌握数据治理体系和国内外数据治理的参考框架。

4. 掌握数据治理的方法，即元数据管理、数据标准管理、主数据管理、数据质量管理、数据安全治理及数据资产化。

5. 理解数据要素管理体系，熟悉基于区块链技术进行数据确权授权、流通交易、收益分配的体系。

6. 熟悉企业开展数据治理的具体过程和方法。

三、与其他课程的关系

在学习本课程之前，学生已经修习相关基础课程包括大数据导论、数据库设计、计算机网络基础等。课程可作为学习大数据理论方法与应用、大数据计量经济分析、大数据分析与应用等相关课程的支撑（可同时）。

四、教学组织

课时数：34 学时

授课方式：课堂讲授。

五、大纲说明

本课程是一门基础理论性课程，给本专业和其他相关专业学生提供理论基础知识，培养学生的大数据治理能力。作为大数据管理与应用专业本科学生的专业主干课程，本课程知识点覆盖以下 12 个知识单元。

先修课程：大数据导论、数据库设计、计算机网络基础等。

知识单元：本课程共设有 12 个内容单元，具体包括（标有★的为选修内容）：

BDG01　大数据治理概述

BDG02　数据与数据要素

BDG03　数据治理体系的内涵及框架

BDG04　元数据管理

BDG05　数据标准管理

BDG06　主数据管理

BDG07　数据质量管理

BDG08　数据安全治理

BDG09　数据资产化

BDG10　数据要素管理

BDG11　大数据治理行业案例★

BDG12　大数据治理实践★

六、教学内容（标有★的为选修内容）

BDG01　大数据治理概述

学　　时：2 学时

学习目标：

1. 了解大数据治理的意义

2. 了解大数据治理的层次

3. 了解大数据治理的作用

4. 了解大数据治理的相关政策法规

5. 了解大数据治理的发展趋势和前景

知识点：

◇ 国家层面的大数据治理

◇ 产业层面的大数据治理

◇ 企业层面的大数据治理

◇ 大数据治理的相关政策法规

BDG02　数据与数据要素

学　　时：2 学时

学习目标：

1. 理解数据为何能成为生产要素

2. 理解数据要素的基本概念

3. 理解数据资源、数据资产和数据要素的关系

4. 理解数据创造价值的过程

知识点：

◇ 数据、数据要素和生产要素的概念和关系

◇ 数据要素的特点和形式

◇ 数据要素化（资源化、资产化、资本化）

◇ 数据价值（业务贯通、数智决策、流通赋能）

BDG03　数据治理体系的内涵及框架

学　　时：4 学时

学习目标：

1. 掌握数据治理的方向、路径、技术和工具

2. 理解数据治理的机制和关键成功要素

3. 掌握数据治理实施的方法

4. 了解数据治理所需的能力

5. 了解国内外主要数据治理框架

知识点：

◇ 数据治理的四个层面：战略层面、管理层面、执行层面、工具层面

◇ 数据治理的机制，包括数据战略、组织机制、数据文化

◇ 数据治理的实施方法

◇ 数据治理所需的能力

◇ 国际数据治理框架，如 ISO、DGI、DAMA

◇ 国内数据治理框架，如 GB/T 34960

◇ 数据管理能力成熟度评估模型

BDG04　元数据管理

学　　时：3 学时

学习目标：

1. 掌握元数据的基本概念

2. 掌握元数据的管理体系和方法

3. 掌握元数据管理过程

4. 掌握元数据的管理技术

知识点：

◇ 元数据的概念、类型、作用

◇ 元数据管理方法

◇ 元数据管理技术，包括元数据采集、管理、应用和接口

◇ 元数据管理的应用实例

BDG05　数据标准管理

学　　时：2 学时

学习目标：

1. 掌握数据标准的基本概念

2. 掌握数据标准的管理内容

3. 掌握数据标准的管理体系

知识点：

◇ 数据标准的定义和作用

◇ 数据标准分类：数据模型标准、基础数据标准、主数据与参考数据的标准、指标数据的标准

◇ 数据标准管理的组织架构、流程、办法

◇ 数据标准管理的应用实例

BDG06 主数据管理

学　　时：3 学时

学习目标：

1. 掌握主数据及主数据管理的基本概念

2. 掌握主数据的管理体系和方法

3. 掌握主数据的管理技术

知识点：

◇ 主数据和主数据管理

◇ 企业常见的几种主数据

◇ 主数据管理方法：企业数据普查、建立主数据管理体系、搭建主数据管理平台、实施主数据的运营管理

◇ 主数据管理技术，包括主数据的梳理与识别、主数据分类和编码、主数据清洗、主数据集成

◇ 主数据管理的应用实例

BDG07 数据质量管理

学　　时：2 学时

学习目标：

1. 掌握数据质量管理的基本概念

2. 掌握数据质量管理的体系架构

3. 掌握数据质量管理的策略和技术

知识点：

◇ 数据质量管理的定义、维度、测量

◇ 数据质量管理的体系架构

◇ 数据质量诊断及原因分析

◇ 数据质量评估

◇ 数据质量管理的策略与技术

◇ 数据质量管理的应用实例

BDG08　数据安全治理

学　　时：2 学时

学习目标：

1. 掌握数据安全治理的基本概念

2. 了解数据安全治理的框架

3. 掌握数据安全治理的策略和技术

知识点：

◇ 数据安全治理的基本概念

◇ 数据安全治理的框架

◇ 数据安全治理技术，包括敏感数据识别、数据分级分类策略、身份识别、授权、访问控制、安全审计、资产保护、数据脱敏、数据加密等

◇ 数据安全风险评估

◇ 数据安全治理的应用实例

BDG09　数据资产化

学　　时：2 学时

学习目标：

1. 理解数据资产及数据资产管理的基本概念

2. 掌握数据资产化过程

3. 掌握数据资产流通和交易机制

知识点：

◇ 数据资产、数据资产管理

◇ 数据资产化过程，包括发现、盘点和价值评估

◇ 数据资产的流通和交易机制

◇ 数据资产运营

BDG10　数据要素管理

学　　时：4 学时

学习目标：

1. 理解数据要素管理体系

2. 理解数据要素管理关键环节

3. 了解数据要素管理技术

4. 了解数据要素基础制度

知识点：

◇ 数据要素管理体系框架

◇ 数据要素管理关键环节

◇ 数据要素管理技术

◇ 数据要素基础制度

BDG11 大数据治理行业案例★

学　　时：4 学时

学习目标：

1. 了解不同行业数据治理的特点

2. 了解不同行业数据治理的经验

知识点：

◇ 电信行业大数据治理案例

◇ 医疗行业大数据治理案例

◇ 金融行业大数据治理案例

◇ 政务大数据治理案例

◇ 其他行业大数据治理案例

BDG12 大数据治理实践★

学　　时：4 学时

学习目标：

1. 提升综合运用大数据治理的理论、方法和工具的能力

2. 分析大数据治理实际问题的能力

知识点：

◇ 有代表性的企业大数据治理情况调研

◇ 基于一个组织的实际情况设计大数据治理方案

◇ 设计方案展示

七、考核方式

成绩按百分制评定：

（1）考试成绩 80%；

（2）平时成绩（包括出勤、课堂表现、作业完成情况等）20%。

第4章 课程教学相关建议

4.1 大数据管理与应用专业教师

大数据管理与应用专业教师应该同时具备大数据、管理学、数学和计算机的知识。在专业教师之外，有条件的高校还可以引入具有丰富实践经验的人员从事一线教学。

4.1.1 大数据管理与应用专业教师的来源

高水平的师资队伍是提升课程实施质量的关键。大数据管理与应用专业具有多学科交叉融合的特点，为强化本专业学生复合型知识结构，需要建设由以下各领域人才共同组成的教学团队，或引入多学科知识背景的教师、兼具理论基础和实践能力的教师。

1. 大数据相关专业背景的人才

管理科学与工程、大数据管理、大数据技术与工程等方向的博士毕业生是高校大数据管理与应用专业师资的一个重要来源。

2. 管理类背景的人才

从事其他管理学科研究，并对大数据技术在某个专门领域的应用有深入研究的人员。

3. 数学理论和计算机技术相关背景人才

具有严谨的数学理论和深厚的计算机技术相关的专业背景，能够从理论层面研究大数据相关的基础和技术，了解企业在大数据应用领域面临的问题和解决方案。

4. 有丰富实践经验的人员

有条件的高校可以聘请多年从事大数据相关工作的一线工作人员加入大数据管理与应用专业教学中，以增强课程的实践性。如邀请企业高管进入讲堂，承担课程教学、实践指导，教授最新的商业思想、数字技术和产业资讯。

4.1.2　大数据管理与应用专业教师的基本职责

大数据管理与应用专业教师承担着培养大数据管理与应用方向专业人才的艰巨任务，因此必须做到如下几点：

（1）保持专业知识的更新和与时俱进。大数据管理与应用作为一个快速发展的新兴专业，相关知识仍在不断更新。教师在教学过程中应该关注行业的发展前沿动态，不断更新专业知识，善于领悟和吸纳新的理念和新的研究成果。

（2）接触企业，对实际业务有全面、连贯的认识。大数据管理与应用是一门复合交叉型专业，具有较强的实践性，因此教师需要尽可能多地了解企业实践案例，打破课程间的阻碍，消除学生在解决实际问题时不知如何入手，知识运用不充分、不全面的情况。

（3）反思自己的教学实践。教师需要自觉反思和总结自己的课堂教学实践，从中发现问题和不足，并寻找解决问题的新途径和新方法。通过反思教学实践，教师可以不断改进教学方法和手段，提高教学质量和效果。

4.1.3　大数据管理与应用专业教师的培训

为了不断改善大数据管理与应用专业课程的教学质量和效果，高校应该安排教师参加相关课程培训和行业培训，以便于教师能够及时跟踪行业发展动态，通过培训带来的新理论、新技术和新资源对大数据管理与应用专业的课程教学方法、教学实践等问题进行研讨，以利于教师队伍知识结构的优化与更新。鼓励教师学习深造，或者到企业挂职锻炼，加深其行业认知，提升其实践能力。

4.2 课程思政相关建议

大数据管理与应用专业注重采用系统思想、数量方法和信息技术解决各类管理问题，既重视专业的理论与方法，又强调应用性和实践性。为有效落实立德树人根本任务，建议授课教师基于课程目标、课程特点、课程性质与授课内容等，深入挖掘包括政治认同、家国情怀、文化自信、法治意识、全球视野、生态文明、公民品格、科学精神、工程伦理与商业伦理、经世济民、职业素养等维度的思政元素，将思政元素与教学内容有机融合，探索专业教育教学与思政素养培养交叉融合的实施路径，构建课程承载思政、思政寓于课程的育人体系。

政治认同维度，坚定学生理想信念，以爱党、爱国、爱社会主义为主线，教育引导学生对国家政治体制和治理体系的认同。家国情怀维度，注重以爱国主义为核心的民族精神，以改革创新为核心的时代精神的教育，关注中国近现代科学文化先驱和革命先烈为中华民族崛起、中国人民幸福而努力的坚忍不拔的奋斗精神和大无畏的牺牲精神。文化自信维度，注重弘扬五千年文明孕育发展的中华优秀传统文化，中国革命、建设、改革伟大实践过程中孕育的革命红色文化和社会主义先进文化。法治意识维度，注重培养学生运用法治思维和法治方式深化改革、推动发展、化解矛盾、维护稳定、应对风险的意识。全球视野维度，注重培养学生面向世界、面向未来的战略眼光和整体审视把握事物的能力，关注新一代信息技术带来的"地球村"发展趋势以及世界科学技术发展对国家发展的潜在影响。生态文明维度，坚持人与自然和谐共生的基本方略，倡导科技与环境共生、天人合一、绿色发展、生态型人工自然等生态理念。公民品格维度，倡导公民在社会公共生活中所应遵守的道德原则与行为规范，关注崇尚关爱、正义、参与、宽容等公民道德以及"人人为我、我为人人"的优良品格。科学精神维度，侧重融入本学科领域科学先驱和学科前辈在科学研究中的创新探索精神、批判怀疑精神、奉献合作精神等。工程伦理与商业伦理维度，关注工程实践和商业活动的道德规范，注重体现以人为本的价值理念。经世济民维度，提倡将个人的知识、能力奉献社会，将个人的成才抱负融入全心全意为人民服务之中，重点关注"经邦济世，强国富民"的崇高思想境界以及厚生、惠民的人文主义思想价值。职业素养维度，倡导新时代"爱岗、敬业、忠诚、奉献"等职业精神，结合课程特征重点关注互联网素养、安全素养、工匠精神、诚信服务、团队精神、劳动素养等方面。

4.3　实验环境与实训基地建设

根据教学要求和教学条件，各高校可以选择建设相应的实验环境和实训基地。

4.3.1　实验环境

一般来说，为了适应大数据管理与应用专业课程体系的教学要求，各高校可以根据自己的办学情况选择性建设如下不同类别和不同层次的实验环境：

1. 大数据编程实验环境

该实验环境主要用于辅助学生掌握大数据专业基础知识，形成大数据工程思维，提升大数据专业学习必需的编程能力，包括对大数据管理与应用专业学习必需的高等数学、数理统计、程序设计、数据结构等相关的编程实验活动的支持。

2. 大数据技术实验环境

该实验环境主要用于开展基于不同类型的大数据技术知识的

教学与技术实验活动，包括对关系数据库、非关系数据库、各类主流大数据平台的实验条件的支持，以及对数据采集、数据处理、数据分析、数据可视化等典型大数据技术与开发流程的实验教学活动的支持。

3. 大数据智能实验环境

该实验环境主要用于开展数据驱动的人工智能实验教学活动，包括对数据挖掘、机器学习、大模型、大数据智能分析、智能优化、智能决策等方向的实验教学活动的支持。

4. 自然语言处理实验环境

该实验环境主要用于开展自然语言处理方向的实验教学活动，包括对各类自然语言处理技术与应用的实验教学支持，以及对大语言模型及应用等新兴方向的实验教学活动的支持。

5. 大数据虚拟仿真实验环境

该实验环境主要用于开展大数据思维、大数据管理、大数据应用、大数据工程方面的场景化、流程化实验教学，通过三维虚拟仿真等手段，提供直观化、沉浸式、交互式的实验教学体验与支持。

6. 大数据治理综合实训环境

该实验环境主要用于开展面向不同行业和领域的综合性、场景化、项目化的实验实训活动，提供实战化的大数据工程应用案例与项目，能够对大数据系统思维、大数据综合治理、大数据计量经济分析、大数据工程管理等不同教学实训体系提供综合支持。

以上实验环境建设，建议提供在线实验教学平台支撑，配套相关实验项目和案例库，支持在线技术实验、虚拟仿真实验、综合案例实训、动态开放演训等教学形式，并可进行不同方式的集成与组合应用，为教研活动提供实验设计和开发环境，为教学训练活动提供自动测试支持等，以便同时开展不同课程的实验建设和实验教学活动，提高实验教学管理效率和大数据条件建设投入应用的效益。

4.3.2　实训基地

有条件的高校可以与企业共同建立校内校外实训基地，实训基地主要用于本科生在认知实习和专业实习两个环节使用。认知实习和专业实习的培训计划和内容由学校与企业共同商定。实训基地不仅有助于加深学生对理论知识的理解，更重要的是使学生了解项目的实际运作过程，培养学生的职业素质、动手能力和创新精神，同时企业也可在实训基地优先选拔到优秀人才，达到双赢效果。

4.4　实验教学环节

大数据管理与应用专业的实验教学内容主要包括课程实验和课程设计两个环节。

4.4.1　课程实验

课程实验通常结合具有明确应用场景的实践案例，按照循序渐进的原则，针对理论课的内容来进行设计。通过课程实验，使学生加深对课堂理论知识的理解，并对其进行验证，能够启发学生对所学知识的深入思考，达到理解和掌握课程知识、培养动手能力的效果。通常在课程的总教学学时中划出一部分实验学时或另行配备一部分学时给实验课程。

4.4.2　课程设计

课程设计是指和课程相关的某项实践环节，可以以一门课程为主，也可以是多门课程综合，统称为综合课程设计，简称课程设计，或者综合设计。相对于课程实验，课程设计更强调综合性和设计性。从规模上讲，课程设计的复杂度高于课程实验，且以

3~5 人为小组完成不同的设计题目。通过课程设计可培养学生综合一门或多门课程所学知识解决实际问题的能力和团队协作能力。

一般来说，课程设计可以集中地安排在 1~2 周内完成，也可以根据实际情况将这 1~2 周的时间分布到一个学期内完成，较大规模的课程设计可以安排更长的时间。由于各高校对学生的培养方向各有侧重，再加上实践学时和条件的限制，各高校可以根据本校实情合理选择和安排课程设计的内容。

4.5 社会实践环节

社会实践是大数据管理与应用专业教学的一个重要组成部分，是理论课堂的组成与延伸，是促进学生在理论与实践相结合的过程中增长才干的重要环节。有条件的高校应该把社会实践作为一项必修的教学内容。大数据管理与应用专业的社会实践内容主要包括认知实习、专业实习和其他课外实践三个方面。

4.5.1 认知实习

认知实习的主要目的是通过短暂的时间让学生快速建立对企业和行业的认知，对大数据管理与应用专业有全方位的认识，了解专业现状和发展情况，激发对专业的学习热情。认知实习最好安排学生到一些大数据技术应用程度比较高的企事业单位参观、访问和现场座谈，通过实地观察和与企业相关人员交流了解实际岗位的工作环境和能力需求，明确未来学习的方向。认知实习作为专业课程的一个环节可以安排在第二学年进行，时间为 1~3 天。

4.5.2 专业实习

专业实习的主要目的是让学生建立较为深入的实践认知，在实习过程中提升知识和能力，为进一步的企业实习和未来就业做准备。有条件的高校最好将实践地点安排在大数据技术应用水平比较高的企业，或者在实训基地，利用企业提供的实际案例数据，安排实践经验丰富的教师或邀请企业专家担任指导教师。在专业实习过程中学生能够了解一些企业的实际业务项目并参与其中，包括大数据应用案例分析、大数据分析与挖掘、大数据可视化等。

（1）大数据应用案例分析。结合大数据在各个行业的典型应用，如互联网、物流、金融、餐饮等，能够对某个实际问题给出进行数据分析的解决方案框架。这一项目旨在提高学生用数据思维理解实际问题的能力。

（2）大数据分析与挖掘。根据业务问题指标，利用各种数据分析与挖掘技术处理数据，发现和分析出隐藏在数据中的价值，为企业业务发展提供决策支持。学生可以通过这个项目了解数据分析与挖掘的相关技术如何落地到真实、具体的应用场景中。

（3）大数据可视化。通过图形化手段，有利于理解数据和观察数据变化趋势，从数据的复杂信息中获取直观发现，从而做出更好的决策。学生还可以通过这个项目了解企业如何通过实时展现最新数据，及时捕捉到市场变化，做出快速反应。

大数据管理与应用专业实习可以安排在第三学年下半学期或第四学年上半学期，时间为 2~4 周。

4.5.3　其他课外实践

鼓励学生参加 IT 社团、大数据夏令营、兴趣小组、社会调查等第二课堂活动以及互联网大赛、电子商务大赛等有影响力的竞赛活动。这些课外实践活动能够培养学生对大数据管理与应用专业的兴趣和热爱，激发学生的团队精神，培养学生的创新精神和沟通协调能力。参加课外实践活动不仅能让学生有机会体验到新的知识，更能让学生有机会去丰富自己的学习内容，锻炼学习技能，让知识学以致用。

4.6 毕业实习与毕业设计（论文）

毕业实习是安排在毕业设计（论文）之前的一个实践环节，有助于检验学生在大学四年学习中的知识掌握情况，学习和接受新知识、新技术的能力，以及解决实际问题的能力，其主要目的是让学生在毕业前综合运用所学理论知识、方法和技能，了解在实际工作中如何进行有关大数据管理与应用方面的业务活动，并通过参与开展实际工作，培养和强化学生的社会沟通能力；配合毕业设计（论文），开展调查研究，培养学生面对现实问题的正确态度和独立分析问题与解决问题的基本能力。

在整个实践教学体系中，毕业设计（论文）作为教学中一个重要且无法替代的环节，其综合性最强。作为教学计划中的最后一项任务，它承担着培养学生综合运用所学知识和掌握的技能去分析和解决实际问题、独立工作、团队协作、问题表达等能力的任务，是理论联系实际的重要体现。毕业论文应以学术规范为约束，确保数据准确、语言表述严谨、内容完整且有前瞻性，要符合各高校的毕业论文规范要求。

总体上，毕业实习可以与毕业设计（论文）合并在一起安排。毕业实习的地点一般应安排在校外实习基地、用人单位或校内和校外相结合，时间一般安排在课程学习结束之后。

第5章 本专业毕业生就业分析

随着经济活动数字化转型加快，数据对提高生产效率的重要作用凸显，已经成为最具时代特色的新生产要素。大数据相关技术和方法正逐渐成熟，一方面与传统产业深度融合趋势愈发明显，另一方面滋生孕育出许多新产业、新业态和新模式。为适应新发展形势，国家与地方政府相继成立大数据管理机构，创建大数据产业园，规划大数据产业发展，各类企业也纷纷成立数据分析部门，通过大数据技术进行实时动态数据处理并提供分析结果，辅助管理决策。大数据在各行各业形成了全面应用之势，越来越需要既懂大数据技术又懂管理理论方法的复合型人才。

5.1　调研的基本情况

围绕构建适应社会发展需求的大数据管理与应用专业课程体系，优化人才培养模式，课题组对哈尔滨工业大学、西安交通大学、南京财经大学、东北财经大学、贵州财经大学、北京信息科技大学、中国传媒大学、北京科技大学 8 所高校 2021—2023 年大数据管理与应用专业毕业生就业情况开展了调研。

2021—2023 年，8 所高校的大数据管理与应用专业共有毕业生 723 人，年招生人数近年呈上升趋势，如图 5-1 所示。毕业生选择考研的为 266 人，占毕业生总数的 36.8%；选择出国的为 62 人，占毕业生总数的 8.6%。

毕业生就业呈多元化趋势，分布在政府机关、事业单位、国有企业、三资企业、其他企业等。选择就业的毕业生中，去机关的比例为 5.6%，国有企业的比例为 21.9%，三资企业的比例为

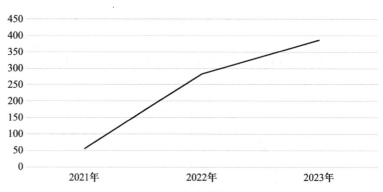

图 5-1　2021—2023 年 8 所高校大数据管理与应用专业毕业生人数

4.6%，其他企业的比例为 58.4%，事业单位的比例为 5.6%，基层的比例为 3.9%。2021—2023 年，在 8 所高校大数据管理与应用专业选择就业的毕业生中，选择去互联网行业的最多，占就业人数的 32.1%；其次是其他行业，占就业人数的 27.9%；然后是公共管理和社会组织，占就业人数的 9.5%，如图 5-2 所示。

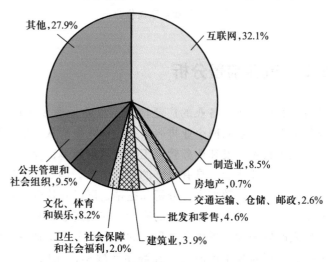

图 5-2　2021—2023 年 8 所高校大数据管理与应用
专业毕业生就业单位行业分布

2021—2023 年，在 8 所高校大数据管理与应用专业选择就业的毕业生中，选择从事技术开发岗位的最多，占就业人数的31.3%；其次是其他岗位，占就业人数的 26.5%；然后是业务服务岗位，占就业人数的 21.4%，如图 5-3 所示。

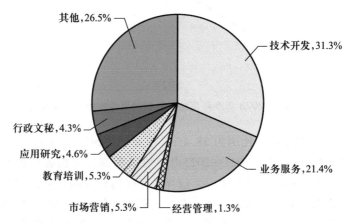

图 5-3　2021—2023 年 8 所高校大数据管理与应用专业
毕业生就业从事岗位分布

5.2　就业前景分析

随着大数据在各行各业的广泛应用，就业呈现多元化趋势。从就业行业来看，互联网企业排名第一，毕业生所从事的工作专业对口，从事技术开发和业务管理工作的越来越多，反映了大数据管理与应用专业毕业生具有很好的就业前景。例如，在医疗健康行业，通过对医疗数据进行分析和挖掘，可以有效改善疾病的诊断和治疗效果，提升医疗服务的质量。在制造业，利用大数据技术可以实时监测和分析生产过程中的各个环节，识别瓶颈问题并采取措施，以减少生产时间，提高生产效率，优化生产计划。在零售业，通过收集和分析消费者的购买历史、行为和偏好数据，能够深入了解消费者的需求和喜好，从而实现个性化推荐、定制营销活动和改进产品策略。随着大数据技术在管理上的广泛应用，对于具备相关专业知识和技能的人才的需求将会持续增长，国家大数据发展战略也迫切需要拥有大数据管理与应用相关知识储备的专业人才。

2023 中国国际大数据产业博览会新闻发布会数据显示，2022 年中国大数据产业规模达 1.57 万亿，同比增长 18%，持续促进传统产业转型升级，激发经济增长活力，助力新型智慧城市和数字经济建设。预计 2025 年前，大数据人才需求仍将保持 30%~40% 的增速，需求总量在 2 000 万人左右，其中，从事数据分析、数据挖掘、数据服务、数据治理、商务智能决策、公共管理与社会服务、能源与环境管理、企业管理、金融管理、医疗管理、新媒体运营等领域的人才需求更加突出。近年来，国家大数据战略和相关举措在不断深化和拓展，基于人工智能应用的大数据赋能和产业创新不断涌现，大数据管理与应用人才培养的重要性进一步凸显，人才市场和职业发展呈现出良好趋势和广阔前景。